中公文庫

新編
現代と戦略

永井陽之助

中央公論新社

新編　現代と戦略　目次

＊

歴史と戦略　目次

新編　現代と戦略

I　防衛論争の座標軸

哲学なき戦略論は不毛だ。「機密情報に接しえない素人は黙れ」というのは「いつかきた道」である。核時代の戦略論には土地カンのあるプロなどありえない。なぜなら現代の国家は、その追求する目標と手段双方で両立しがたいディレンマをもっているからである。わが国の防衛論争を整理し、本書全体をつらぬく基調をあきらかにする。

防衛論争は不毛か

岡崎久彦氏（元外務省情報調査局長・現サウジアラビア大使）が世評高い『戦略的思考とは何か』（一九八三年、中公新書）の冒頭で、「戦後あれだけの防衛論争がありながら、賛成論と反対論のあいだの勢力の消長はあっても、その立場がちっとも収斂してこない」のはなぜかと問い、「日本人が論理的なものの考え方に弱いからではないか」と、とりようによっては、知能指数にかんする人種的偏見にも類する見当ちがいの見解をのべている。私は、岡崎氏のように、客観的な戦略的環境なるものがモノのように実在していて、その情勢判断から日本の防衛戦略や兵力態勢などがほぼ一義的に定まるとは考えていない。たしかに安全保障問題は、不確かな、不測の事態にかかわるため、「相当な抽象的論理的思考」を必要とする。だが、現代の核時代の戦略論は、その本質上、「土地カン」のない虚構の議論とならざるをえない必然性をもっている。

かつてビスマルクは、「愚者は自分の経験から学び、賢者は他人の経験から学ぶ」と喝破し、「他人の経験」の累積――つまり「戦史に学ぶ」ことが戦略論の第一歩であると力説した。ところが、現代の核時代では、広島・長崎の被爆者をのぞいて、核戦争のなんたるかを「自分の経験」として知るひとはいない。これまでの機関銃、戦車どれひとつとっても、その兵器の用法、用兵の術をねるのに、多年にわたる実戦と試行錯誤のつみかさねがあった。だからこそ、こんにちまで核兵器についての本質的な概念は、一九四五年八月六日の広島への原爆投下直後、ひらかれた「原子力管理会議」での真剣な討議で出つくしているのである。四五年九月十一日から二十三日にかけて、シカゴ大学のロバート・ハッチンズ学長の発意で、科学者、経済学者、政府高官など四六名からなる有識者が招集され、「一発の原爆で一都市とその全人口が壊滅的打撃をうけた」というなまなましい「他人の経験」から、核戦略についてただひとつの真理——これからの戦争には「勝利」はありえず、核兵器という「自殺」兵器の唯一の存在理由は、戦争を回避し、「敵の核攻撃を抑止する、という目的以外にはない」ことが確認されたのである。すなわち、その会議の参加者、シカゴ大学経済学者のジェコブ・ヴィナー教授と、その弟子の海軍戦史の専門家バーナード・ブロディー教授との協力で生まれたのが、「抑止」という新概念であった。むしろん「抑止」というのは以前からあった概念であるが、このとき、あらたな意味をおびてよみがえった。後年、ロバート・マクナマラが、まったくおなじ結論に達していること（『フォーリン・アフェアーズ』一九八三年秋季号参照）をおもえば、広島への原爆投下という「他人の経験」の衝撃のみが、核戦略についての唯一、確実な真理をうむ土壌であったといえよう。

それ以後、広島・長崎の記憶も薄れ、「土地カン」のない核戦略の「神学者」（ジェームズ・ファローズ）たちによって、さまざまなシナリオにもとづくウォーゲームや思考実験がくりかえされてきたが、しょせんそれは絵空事の教義問答とかわらないのである。

こんにちの安全保障論で直面する第二の困難性は、われわれのような軍事問題の素人は、ハードなデータに直接のアクセスをもちえないことである。いったいなにを根拠に戦略を論じたらいいのか、困惑を感じない人はいないであろう。もっともらしくプロぶって数字をならべる国防インテリなるものも、偵察衛星、諜報機関、おびただしい公刊物の体系的分析の諸手段を独占している米中央情報局（CIA）や国防総省《ペンタゴン》などの提供するデータにたよって、ものをいっているにすぎない。その点では、プロもアマも五十歩百歩なのである。

ところが、そのCIAの数字にしてもまったく当てにならない。時代と政治の風潮しだいで、たえず変化する。たとえば、昨年（一九八三年）末、CIAが議会におくった報告書は、「ソ連では一九七六年以降、実質的な兵器調達費がほとんど増えず、国防支出の伸び率はそれ以前の年四〜五パーセントから約二パーセントにまで低下してしまった」と指摘し、人件費の高騰、陸海空三軍の維持費、とくに米国とはりあっておしすすめている最先端軍事技術の研究開発費の圧迫などから、「新型最新兵器の配備にまで手がまわりかねているのが実情である」と指摘している。

このCIA報告は、「邪悪の帝国」ソ連の軍備増強の脅威をさけびつづけてきたレーガン政府の立場と、だいぶトーンがちがう。

わが国では平和安全保障研究所の猪木正道氏がつとに「ワインバーガー氏やレーガン氏が、米国はソ連の軍事力におくれをとったと主張しているが、これはまちがいだ。日本の安全保障にとってもっとも危険なのは、ソ連の力を誇張する人びとだ」と喝破していた。

わが国のいわば「政治的リアリスト」（後述）の代表者にふさわしい卓見であったといっていい。

なぜCIAが、レーガン＝ワインバーガー路線と調子のちがう報告書をいま提出したのか。その真意は不明だが、勘ぐれば、大韓航空機撃墜事件その他一連の事件で米国民の危機意識がたかまり、MX（一九八〇年代後半、主力配備される予定の新型ミサイル）予算はじめ、天文学的数字の軍事予算の議会通過も無事おわり、INF（中距離核ミサイル）の西欧配備も既成事実となった以上、もはや「恐怖のインフレ」による世論誘導が不必要となったとみたからだろうか。

それともCIA内部にくすぶっていた不満が表面化したためだろうか。すでに私が第五回下田会議（一九八一年九月）で、アメリカン・エンタープライズ研究所のプランガー博士と討論したさい、CIA報告のもつ「政治性」を指摘したことがある。すなわち、一九七六年秋、ジョージ・ブッシュCIA長官（現副大統領）の発意で、CIA内部に設置された、いわゆる「チームB」の報告は、それまでのCIA内部の正統派によるソ連軍事力の「能力」と「意図」についての評価を根底から変えたものである（GNP対比で、軍事支出をそれまでの五〜六パーセントを一挙に二倍、一二〜一三パーセントと変更）。この「チームB」には、ポール・ニッツェはじめ、リチャード・パイプス、ウィリアム・ヴァン・クリーブなど、現レーガン政権下の国家安全保障会議の重要メンバーや安全保障問題の有力ブレーンが網羅されていた。この報告書の内容、数字がきわめて「政治的」なものであることは、当時のCIA内部の正統派（チームA）からも批判と不満がくすぶりつづけていた。

このCIA・チームBの「ソ連脅威」論については、すでにアーサー・M・コックスやD・ホルズマン、その他による綿密な批判があることはよく知られている。私はハーバード大学の国際問題研究所のあるセミナーで、ホルズマン教授（タフト大学フレッチャー・スクール）の報告をきく機会があった。そのとき議長が、「ソ連の軍事支出評価について世界に二人の権威がいる。一人はCIAであり、もう一人は、ホルズマン教授である」と紹介して一同をわらわせたものである。

プロぶる専門家ほど危険

岡崎氏の著書をみると、機密情報に接しえない素人には安全保障問題などに口出しする資格はない、「土地カン」のある専門家を信頼するのが無難だという態度がほのみえるのはたいへん遺憾である。『歴史と戦略』第Ⅲ章で指摘するように、外交や戦略にかんするイギリス伝来の知的風土は、残念ながら岡崎氏の態度とは好対照をなしている。ロンドン大学の森嶋通夫教授も強調していたように、イギリス指導階級特有のアマチュアリズムこそ、文民支配のコアにあるものである。ここにも岡崎氏がアングロサクソンの名で、イギリスとアメリカをいっしょくたに論じる例のわるいクセがでている。

戦時中、日本の軍部や、多少とも国策研究にかかわっていた御用学者たちが、「機密情報に接しえない素人は黙っていろ」という態度で、日本の前途や戦況を憂える学生の疑問を封じたという。このことは、私の尊敬する高名な政治学者が、痛恨をこめてかたる戦時体験のひとつである。ところが、戦時中の、わが帝国陸海軍や、外務省は、極秘情報（マジック＝後出）が連合国につつぬけであることさえ、疑ってもみなかったというまぬけぶりであった。こんにち、大韓航空機撃墜事件での自衛隊の無線傍受能力や、岡崎久彦部長統率のもと、外務省の活潑な情報収集活動によって故アンドロポフ書記長・国葬での追悼演説序列をピタリと予測してブッシュ副大統領をおどろかせた「二四時間態勢」のことなど、私も敬意をあらわすに吝《やぶさか》でないが、ひろい教養とバランスのとれた判断能力のかけた、プロぶる専門家《スペシャリスト》の意見ほど、この種の問題で危険なものはない、というのが多年にわたる「自分の経験」からえた教訓である。

安全保障論議の第三の困難性は、核時代における防衛論は多くのパラドックスとディレンマをふくむ、ということである。「あちらをたてれば、こちらがたたない」という関係

(トレード・オフ)が多い。逆からいうと、この種の論議で、スッキリ割切った意見は、俗耳に入りやすいが、そこにふくまれる深刻なディレンマに感受性をかく点で一種の傍観者の意見とみてほぼまちがいない。

「平和主義者の〝明快さ〟は、かれらが局外者の立場に身をおいているからである」というスタンレー・ホフマン教授(ハーバード大学ヨーロッパ研究所所長)の警句は、そのまま、いわゆる軍事的リアリストにも妥当する。拙著『平和の代償』(一九六七年、中央公論社)いらい、いくどとなく強調したように、核時代の安全保障問題はすくなくとも大別して三つの基本的なディレンマをもっている。

第一に、国家の「安全」確保(「同盟」関係の維持)と、「独立」達成(「自立」への願望)とのディレンマである。第二が、「福祉」か、「軍備」か、バターか大砲か、の手段の選択にかかわる優先順位の問題である。第三が、「抑止」と「防衛」のもつディレンマである。米国の核抑止力の信憑性が低下するにつれて、この問題は、すでに西独で真剣な論議をよぶもっともさしせまった問題のひとつとなっている。

核兵器の出現以前の国家論では、右の三つの国家目標や手段の選択について、それほどきびしいディレンマを意識せずにすんだ。主権の独立、安全の確保、民生の安定、福祉の増大など、国家のおいもとめる目標間のトレード・オフがさほどめだたなかった。だが核兵器の出現と、大衆福祉国家の登場で、これらの目標変数間にディレンマが生じるようになった。超大国に対抗できるような自前の核武装が不可能である以上、いかなる国も、米・ソいずれかの超大国の戦略核に依存して、自国の安全を確保するほかなくなった。しかし、それは不可避的に、それまでの国家の存立理由のひとつであった「主権の独立」への要請と矛盾する。有事のさいの危機管理能力、例外状況（有事）の自己決定能力こそ、主権の本質であるとするなら、核の引きがねを握る権利を他国に移譲し、その一部を制限することは、国家の威信、栄光、民族のプライドを傷つける。一九五八年、毛沢東中国の直面した、きびしい選択もそれであったし、六〇年代、ドゴール・フランスがとった路線もまたそのディレンマからくるものであった。

第二に、「手段の選択」にかんする優先順位の問題がある。これは目標として、米国との「同盟」による安全保障を優先させるばあいも、逆に、米国から「自立」して「独立」を求めるとしても、その目標達成の手段について、「軍事」優先か、「福祉」優先かの選択をせまられる。社会党のとる「非武装中立」は、米国から自立し独立を達成する「目標」の点のみならず、その目標達成の手段について、非軍事的手段やいわゆるソフトウェア重視の安全保障政策をもとめる点で、ひとつの極限値をしめすものといってよい。

かつて合衆国は、ジョンソン大統領時代、「偉大な社会」建設（バター）と、ベトナム軍事介入（大砲）とが、両立できるかのような大国意識のヒュブリス（傲慢さ）におちいり、七〇年代のインフレ体質をつくる根源となったことは、いまではだれでも知っている。だが、当時のロバート・マクナマラ国防長官は、上院公聴会で、「米国の経済活力をなくさずにアジアのこの大きな地上戦闘をやるという巨大な財政負担をまだどのくらいつづけられるか」と質問されて、「永遠につづけられるとおもう」と答えた。いまレーガン大統領が、「増税」と「軍事支出削減」をきびしくせまるフェルドシュタイン経済諮問委員長（一九八四年夏辞任）とはげしく対立している現状をみると、隔世の感がある。

第三の「抑止」と「防衛」のディレンマは、わが国の安全保障論議でも、森嶋＝関論争（『文藝春秋』一九七九年）を、ひとつのキッカケとして、せつじつな今日的問題となりつつある。とくに項をあらためてくわしく論じるつもりである。

防衛論争の座標軸

今回の私の渡米（一九八二～八三年）は、長期滞在としては二度めである。はじめてハーバード大学に留学したとき、キューバ危機に直面して、その現地でのショックから国際政治学の領域に転じたいきさつは、拙著『平和の代償』「あとがき」にのべたとおりである。奇《く》しくも二〇年後、ケネディ・スクールのグレアム・アリソン（『決定の本質』という著作で知られる。「キューバ危機」の研究で有名）およびジョセフ・ナイ両教授の合同ゼミに参加し、一九六二年十月のキューバ危機当時を回想して、うたた感慨無量であった。

二〇年まえ、一九六二年十月、妻とともに現地で熱核戦争の深淵を垣間みたのち、日本からおくられてくる新聞、雑誌にみなぎる泰平ムードと、日本にいると想像もつかない国際政治のきびしい現実との落差から、政治学の関心を国内問題から国際問題へとむけざるをえなかった。そして、あとがきにつぎのように書いた。

――日本のように多くの人たちが「平和」の言葉を愛し、理想と正義感にみちた文章を期待し歓迎する空気のあるところで、平和と理想、反戦と反米を説くほど気楽なことはない。米国にいて日本の知識人の言動を遠くからながめていると、「現代における非同調の単なる証し――慣習への拝跪の拒否は、それ自身ひとつのサービスである」というジョン・S・ミルの言葉が実感として浮んでくる。政治権力への抵抗のポーズ自身が何かに対するひとつのサービスなのだ、という現代の逆説にきびしい自覚を欠いた言論は、いつかまた、世論や民衆のムードの変化に応じて、たちどころに総転向が始まるだろう。

だが、あの文章を書いた当時、まさか、かつての平和＝反戦運動の指導者、清水幾太郎氏までが「日本よ国家たれ・核の選択」とさけぶような時代風潮の変化、そして論壇一部の急転換が生じるとは想像もしていなかった。わが国の論壇地図も大きくかわった。あの当時、高坂正堯、衛藤瀋吉両氏、それに筆者自身などが、「現実主義者」の名でよばれ、抵抗の気概をもって論壇の主流であった理想主義者に異議申したてをおこなったことがまるで嘘のようである。

われわれ現実主義者も、いつしか論壇の主流となり、いわば体制のなかにくみいれられ、理想主義者の凋落《ちょうらく》につれて抵抗の気概もうすれてきた。いま急速に台頭している軍事的リアリストの陣営からは、「国内派」のレッテルさえはられている。ある政治学の大先輩から、「永井君がいまではハト派とはね。いかに日本の世論が右寄りになってきたかの証拠だよ」といわれて、苦笑せざるをえなかった。

要するに現在、日本の防衛論争は、もはや、かつてのような「革新」対「保守」、「ハト派」対「タカ派」、「理想主義者」対「現実主義者」などの単純な座標軸では、交通整理不可能なものとなっている。私がハーバード大学の日米関係プログラム（国際問題研究所内、エズラ・ヴォーゲル所長）で、日本の安全保障政策の共同研究に参加したとき、ほぼ共通の了解事項になっていたことは、これまでの理想主義者対現実主義者の論争はおわりをつげ、参加者の一人、マイク・モチヅキ氏（現エール大学）の便利な用語をかりると、軍事的リアリスト対政治的リアリストの論争こそ、こんにちの安全保障論争の中心となるだろ

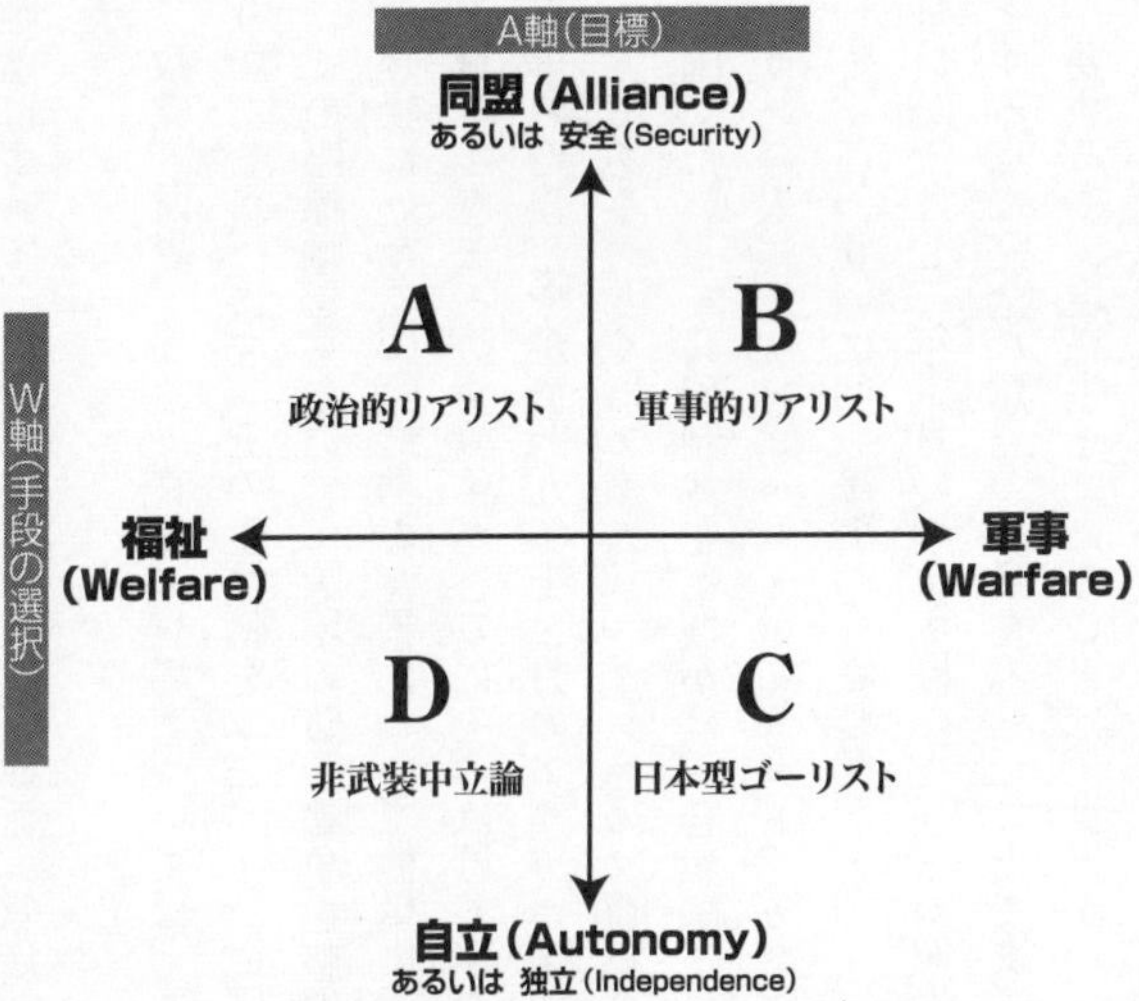

う、と米国側がみていることであった。

その共同研究で私が提示した「日本の防衛論争の配置図」（座標軸）は、混迷をきわめる世論、論壇、政界、官界の論点を整理し、真の争点がどこにあるかを明示するうえで調法だったため、ハーバード大学以外でも、コロンビア大学（東アジア研究所）、ジョーンズ・ホプキンズ大学（SAIS）などでの講演でも使用し、米国人の理解に役だつことができた。この配置図は、ほぼ二〇年まえ、『平和の代償』で提示したものと実質的にかわりない。前述の二組のトレード・オフを、縦軸（A軸）と横軸（W軸）としてその原点（O）から縦軸と横軸にそってのびる距離によって、世論、論壇、政党、政派、官庁、財界などの位置をプロットできると考えた。

政党、財界、とくに官界の立場については、次章において、よりくわしく展開するつもりであるが、まず、その座標軸を二三ページに図示しておく。

この座標軸をもちいて、論壇の防衛論争を整理するまえに、いわゆる軍事的リアリストの登場にいたる国際情勢の背景について簡単にふれておく必要がある。

日本の憲法・防衛論争がとみにそのはげしさを加えたのは、北方領土三島にたいするソ連軍の増強、やがて七九年十二月のアフガニスタンへのソ連軍の侵攻などの諸事件以降のことである。とくにアフガニスタンへのソ連軍介入にさいしては、合衆国は、急遽、西側諸国にたいして共同制裁をよびかけ、合衆国、日本、中国ならびにASEAN諸国は、アフガン介入、オリンピック・ボイコット、カンボジア・ベトナム紛争などの諸問題にかんして、いっせいに同一歩調の外交姿勢をとった。ことに注目すべきは、NATO加盟諸国全員が一九七三年十月の中東危機のときと対照をなして、アフガンでのソ連の行動を遺憾とする点で完全な意見の一致をみせたことである。

要するに、現在生じていることは、世界がひとつの分割不可能な戦略的舞台になったという新しい認識が生じ、ペルシャ湾岸のような遠距離の地域で生じる事件によって一国の安全がおびやかされうるという認識が一般化してきたことである。さらに米ソ間のデタントがくずれ、ヨーロッパの軍事的不均衡が拡大するにつれて、INF配備をめぐってNATO諸国の動きにも、一国の安全保障が西側全体の安全と不可分という意識がふかまった。

軍事的リアリストの登場

このような情勢に対応して、NATO諸国の動きとともに、日本の防衛論争もあらたな段階をむかえた。故大平〔正芳〕元首相のもとに提出された、日本の綜合安全保障にかんする一九八〇年報告書（猪木正道氏を主査とする専門家グループの作成）が明確にのべているように、一九八〇年代における、もっとも重要な変化は、アメリカの軍事、経済双方における圧倒的優位の終焉ということであった。

たしかに、これまでの日本の防衛論争は、遠隔地域における事態の進展と、日本のバイタルな利益（エネルギー）とのきわめて緊密な関連について、ナイーヴな認識しかもっていなかったことも否定できない事実であろう。八一年三月四日に、ワインバーガー新国防長官が上院の軍事委員会で、日本、合衆国、NATO諸国間の「合理的な責任分担」こそが、レーガン新政権の防衛政策の中心的地位をしめるものとのべていらい、「西側の一員」

としての日米軍事協力と責任分担が外務省、防衛庁の中心的概念になっていく。

このような情勢を背景に、日本国内でもっとも注目すべき防衛論議の発展は、いわゆる軍事的リアリストの登場であった。このグループのなかには、法眼晋作、岡崎久彦、加瀬英明、中川八洋などの論客がふくまれ、米国側の見方では、佐藤誠三郎、公文俊平の諸氏なども、これに加えられることがある。この軍事的リアリストは、吉田ドクトリンの成立いらい、多年にわたり主流（正教《オーソドクシー》）の座にあった政治的リアリストを、「国内派」とよび、自らを「国際派」と称することもある（桜井泰「変貌する論壇地図」『正論』一九八一年十月号）。

軍事的リアリストの立場からみると、政治的リアリストは、わが国が軍事力を増強し、「西側の一員」としてアメリカの世界戦略に協力する方向にたいして、その国内的諸制約をことさら強調して、これをはばもうとする傾向があると見なすからである。ことわるまでもないが、猪木正道、衛藤瀋吉、高坂正堯、神谷不二、中嶋嶺雄、それに筆者自身などが、国際性にとぼしく、国内指向型であるという意味での「国内派」であるわけはない。

要するに日本の安全保障をめぐる真の争点は、つぎのことである。つまり、日本は、国際環境の変化いかんをとわず、まずこれだけは必要最小限度の兵力（基盤的防衛力）を拡充することが先決と考えるか、それとも、増大するソ連の軍事的脅威に対処して、日本の防衛力の増強にふみきるべきか、をめぐる論争なのである。もし後者の方向に日本が本格的にのりだすことを決意すれば、日本の世論を説得して、目下論議の的になっている軍事費GNP一パーセントの上限をはじめ、憲法第九条、専守防衛、志願兵制度、非核三原則、武器輸出禁止など、再軍備の方向にとって大きな足枷《あしかせ》になっている国内的諸制約をひとつひとつとりのぞくことが必要かつ望ましいことになる。

私のいう意味は、軍事的リアリストといわれる人たちや、外務省、防衛庁の当局者が、右の国内的諸制約をとりのぞかないかぎり、米国の要求する軍事力増強の要求に十分、こたえられないと考えているということではない。ただ、その国内的制約は、予想外にきびしく、中曽根〔康弘〕首相も、「不沈空母」や「運命共同体」発言に対する反撥や、総選挙の敗北いらい、とみに低姿勢となっていることがしめすように、軍事的リアリストといえど、いやしくもリアリストである以上、このきびしい国内政治の現実を尊重せざるをえなくなっており、その国内制約の枠内で、可能なかぎりの日米協力の軍事力増強を考えているといったほうが正確であろう。ともかく、その論争は、戦後日本の国家目的や中心的価値にとって、その意味するところはきわめて深刻である。このことこそ、この防衛論争が、日本をいかにして守るか、といった戦略論的論議にとどまらず、戦後日本の国家のあり方いかんといった哲学的議論にまでいきつかざるをえない根本の理由である。そのため、一見、不毛な教義論争にみえる防衛論争も究極のところ、人間論、国家論にまで深まっていかざるをえない。その意味で、立場こそわれわれ政治的リアリストとことなるが、多くの防衛論争花ざかりのなかで、福田恆存氏の諸論考（「人間不在の防衛論」など）が格段にひかるゆえんである。

昨年（一九八三年）三月、私がワシントンの国防総省を訪ねたさい、日本および極東関係の担当官と昼食をともにしたことがある。そのとき、問われるままに、右の防衛論争についての論壇地図をえがいて、各グループの立場の相違点を説明したところ、彼は言下に、「目下、ワシントンの議員連が目のかたきにしているのが、このグループだ」といって、Aグループ（政治的リアリスト）をつよく指さした。とうぜんのことだが、ワインバーガー＝レーマン戦略計画に日本を全面協力させるうえで目のうえのコブになっているのが、日本の大新聞の論調であり、論壇でいまだ主流（正教）の座をおりない、しぶといAグループ（政治的リアリスト）の存在である。

アメリカ側の意向としては、Aグループに属する政治的リアリストが、Bグループ（軍事的リアリスト）の方向へ収斂《しゅうれん》されていくことで、吉田ドクトリン以来の「正教《オーソドクシー》」にかわる「新正教《ニュー・オーソドクシー》」がうまれ、あらたな国民的コンセンサスがつくられることを期待しているように見うけられた。中曽根新首相のさっそうたる登場に、アメリカ人の熱いまなざしが送られたのも、それへの大きな期待がこめられていたからである。

だが、私が多くの機会をとらえてアメリカの専門家に注意をうながしたように、アメリカ側が過大な期待をよせる軍事的リアリストのなかには、じつは多くのゴーリスト（Cグループ）がふくまれている、ということである。ここで私が「ゴーリスト」とよぶCグループは、別に、憲法改正、自前の核武装を主張するか否かを基準に区わけしているのではない。国家目標の選択で、「安全の価値」を多少犠牲にしても、他国にたよらず自力でいこうという価値を優先させる人たちの立場をさす。アメリカとの「同盟」で民族の「自立」と、誇りをうしない、占領時代の「被後見期間」（アイザック・シャピロの語）の精神的惰性から脱しきれない、一種のモラトリアム国民意識へのはげしい自己嫌悪から発するものといっていい。

かつて中曽根首相自身、アメリカの占領政策に抗議し、吉田ドクトリンの対米協調路線に反対する反逆児として政治家の第一歩を開始したことがしめすように、首相自身、いわば「隠れゴーリスト」である。首相が就任後、「戦後政治の総決算」と、その抱負を語ったが、この言は、江藤淳氏が、「吉田政治を保守正統政治として規範化しつづける限り、われわれ日本人は『戦後』の拘束から逃れられず、自己回復への道を閉ざされることになる」（「『吉田政治』を見直す」『正論』一九八三年九月号）とのべたことばと、その精神において一脈通じるものがある。

したがって米国では、AグループよりBグループ（軍事的リアリスト）にちかいとみなされている佐藤誠三郎氏などでさえ、憲法論議では江藤氏とまっこうから対立し、福田恆存氏も清水幾太郎氏にするどい批判をなげつけざるをえなかったのである。

また雑誌『自由』（一九八三年九月号）のシンポジウムで、「吉田政治の再検討」という基調報告で、江藤淳氏は、「吉田政治は養子政治」と力説し、加瀬英明、中川八洋、加藤栄一らの諸氏との親和感の交流がみられたのも偶然ではない。

だが、日本国民の精神的自立の次元を一歩はなれて安全保障の次元に問題をうつすと、軍事的リアリストとゴーリストの混成旅団はたちまちにしてその内部亀裂を露呈する。一九八二年三月、ワインバーガー国防長官が、その訪日にさいして軍事支出を現在の前年度比四・六パーセントからすくなくとも一〇パーセントに増額することをせまった。それに相呼応するかのように五八名の自民党議員をふくむ数百名の有識者が訪米し、片務的な日米安保条約を改正し、自衛能力の強化を訴えただけでなく、「これ以上、合衆国に頼ることは日本人の誇りがゆるさない」むねの声明を発したことにもよくあらわれている。このグループには政府高官、大学教授、ジャーナリストなどがふくまれていたが、軍事的リアリストとゴーリストの混成旅団であったことは、いうまでもない。

だが、日本のゴーリストは西ヨーロッパのゴーリストとちがって、「親米ゴーリスト」ともいうべき、一見、形容矛盾のような存在にならざるをえなくなる理由は、たんに憲法改正と核武装、自前の自主防衛能力増強の困難性（その国内的制約）からくるだけではない。ひろく西欧のゴーリストは、「ヨーロッパ主義者」と総称されるように、EC官僚、農業生産者、兵器生産者、武器輸出業者、石油業者、第三世界に権益をもつ多国籍企業など、強力な国内の社会・経済基盤をもち、合衆国の強大な軍産複合体と利害が対立している。そこに米欧関係の深刻な対立の根がある。わが国でも、独自の最先端技術、兵器産業、武器輸出の強力な既得権益が国内にビルト・インされ、しだいに増殖していけばいくほど、本格的なゴーリストが内部に熟成され、日米関係はこれまでと質的にことなった悪化の道をたどるだろう。

アメリカが日本にたいしてもっとも恐れているのが、この本格的なゴーリストの成長であるが、「隠れゴーリスト」は軍事的リアリストと見わけがつかないまでに混在し、精神的レベルでの「親米ゴーリスト」の域にとどまっているので、米国側もあまり神経をとがらせている兆候はいまのところ見あたらない。

だが、以上の四グループがどのような連合をくむかで、日本の将来の方向づけがほぼ決まってくることもまちがいないであろう。

第一の可能性は、A＋Dつまり政治的リアリストと非武装中立、平和主義、理想主義者グループとの連合である。二三ページの図表でわかるように、日本の抜本的な市場開放がおくれ、米国および西欧に保護主義が急速にたかまって輸出がふるわず日本経済が悪化すれば、バターか大砲か（「福祉」か「軍備」か）の優先順位をめぐる争点がするどく意識されてくる。

もともと、均衡予算の観点から、吉田ドクトリン（保守本流）の中心にあった大蔵省は、米国の圧力に抗しても国内経済のインタレストを優先させよう。「同盟」か「自立」かの政治争点より、みぢかな「バター」か「大砲」かの選択をきびしくせまられるとき、軍事的合理性よりは、経済的合理性を重視する政治的リアリストは、軍事優先のB＋C連合（軍事的リアリストとゴーリスト連合）との対決の姿勢を濃くすることは容易に推定できる。

第二の可能性は、米国の期待どおり、A＋B（政治的リアリストと軍事的リアリスト）の連合が成立して、C＋D（左右両翼のゴーリスト連合つまり、ゴーリストと、非武装中立、非同盟主義者、理想主義者の連合）と対決する図式である。これは現に、フランスの「左翼のゴーリスト」ミッテランの登場や、西独の政治動向をみると、西ヨーロッパの将来は、まさしく、この方向にすすんでいるとみなしてよい。INF配備をめぐる反核運動の底流には、この複雑な連合形成への多くの萌芽がみられるといっていい。

第二の方向にすすむか否かは、アメリカのとる世界戦略に大きく依存している。アメリカ政府が対ソ脅威論の「恐怖のインフレ」で、米国の核抑止力の低下を誇張し、ヨーロッパや日本本土がげんじつに戦場になる危険性をリアルにえがけばえがくほど、「抑止」と「防衛」のディレンマがするどく意識され、NATOの崩壊、独仏連合を中核とする自主性の回復をもとめる方向（ヨーロッパ独立核戦力の確立）が模索されよう。わが国のばあいも、似たような国内情勢がつよまるだろう。

右の座標軸から簡単にわかるように、なぜA＋C（政治的リアリスト＋ゴーリスト）対B＋D（軍事的リアリスト＋非武装中立論者）という対角線（傾線）の連合対立がげんじつに考えられないかの理由が納得されよう。この対角線連合は、目標と手段双方でまったく正反対（対角線）にあるグループ同士の結合となり、いわば「相い性」がわるいからである。

では、軍事的リアリストと政治的リアリストの相違点はどこにあるのだろうか。むろん、軍事的リアリストとゴーリストの区別に似て、かなり境界線があいまいになることはさけがたい。だが、つぎの諸特徴を列記することは可能であろう。

(イ)第一に、二三ページの座標軸がしめすように、核時代において、日本の「安全」確保のためには、日米安全保障条約を基盤とした、西側との協力が不可欠であると考える点で、両グループの立場は共通している。その点で「自立」をもとめる左右両翼のゴーリスト

（C＋D）と区別される。

(ロ)だが、「西側の一員」として、対米協力が重要であるとみる点で両者は共通だが、その協力の手段、共同戦略の点で意見がことなる。つまり、三海峡封鎖、シーレーン防衛をふくむ軍事協力（不沈空母・運命共同体）にかたむく軍事的リアリストとことなって、政治的リアリストは、かつてのマーシャル・プランがもっていたような政策手段の優先順位――つまり、産業基盤の活性化、西側経済の復興、士気と文化、自由精神の高揚、そして最後に軍事ハードウェアの拡充――にもどるべきだと考える。抑止と防衛の戦略面でも、信頼性醸成や、軍備管理、相互軍縮、さまざまな非軍事的抑止、対外援助、文化交流、外交、情報の重視――森嶋通夫教授の語をかりれば、ソフトウェア重視の綜合戦略に重点をおくべきだとみる点で、軍事的リアリストとことなる。「力には力を」という対称的反応ではなく、迂回的、間接的なアプローチ（非対称的反応）によって、ソ連の動きに対処するのが最善と考える。西側世界の政治的連帯性の回復こそ優先さるべき緊急事であり、むしろ、それをさまたげるものが、現レーガン＝ワインバーガーの「軍事」優先の政策であるとみなす点で、おそらく共通しているだろう。

(ハ)また戦略的思考の点で、軍事的リアリストは、地政学的見地を強調する点できわだった特徴をもっている。だが、第二次大戦直後、今世紀〔二十世紀〕最大の数学者の一人、ジョン・フォン・ノイマンが、「第二次大戦こそは、〝空間〟を戦略の決定的要因と考える旧式の地政学的戦略家の最後の戦争となった」と喝破したことがある。核エネルギーと高度技術の発展で、これまでの戦略論の基礎にあった空間・時間概念に革命的変化が生じたことに気づかなかったところに、アメリカの外交や戦略の多くの失敗があったことは、今日の、いわば常識である。

(ニ)最後に、仮想敵の「脅威」について、相手国の「意図」よりも、「能力」を重んじ、最悪事態シナリオにもとづいて防衛戦略を考える点も、軍事的リアリストのいちじるしい特徴である。すなわち、敵の考えうる最悪の「意図」（悪意）を想定して、その意図によって「現有兵力」がフルに使用されたばあい、どうなるかの想定にたつ「最悪事態シナリオ」が、その戦略観の中心をなしているということである。

危機のシナリオ

軍事的リアリストの想定する最悪事態シナリオは、ひとつではなく多数ある。便宜上、三つのシナリオにわけることができよう。

(イ)限定・局地侵攻シナリオ、(ロ)海上連絡路（SLOCs）防衛シナリオ、(ハ)暫定協定（modus

vivendi) シナリオの三つである。軍事的リアリストといわれる人たちが以上三つのシナリオを厳密に区別しているわけではない。だが、仮想敵とされるソ連軍の対日侵攻が生ずる現実可能性は、東西対立のエスカレーションの規模と緊密にむすびついている以上、その規模が、局地的《ローカル》か、地域的《リージョナル》か、それとも全世界的《グローバル》かの差を区別することはきわめて重要である。

1 限定・局地侵攻シナリオ（局地的エスカレーション）

防衛「大綱」が「限定的で小規模な侵攻」とのべているように、北海道がソ連の水陸両用上陸部隊による侵攻目標と想定されている。その主たる理由は、北海道が米ソ両国にとって海上連絡路（SLOCs）を確保するうえでもつ地政学上の重要な位置をしめることにある。とくにソ連領のサハリン（樺太）と北海道間にある二四マイルの宗谷海峡は、八三年はじめ第七艦隊のM・S・ホルカム提督が示唆したように、「ソ連海軍首脳部にとって優先順位ナンバー・ワンとみなされている」。なぜかというと、ソ連は、オホーツク海を、最新型原潜のひそむ最重要な安全海域（聖域）にしたいという確たる願望をもっているからである。この原潜は、米本土のいかなる目標をもその射程距離におさめることの可能な大陸間弾道ミサイルを装備している。しかし、ソ連にとって頭痛の種は、宗谷海峡の存在である。これが太平洋岸のペトロパブロフスク軍港から、オホーツク海をへてウラジオストックにいたる海上交通路の安全にとって、ひとつの隘路《あいろ》になっており、ソ連極東艦隊の外洋（太平洋）への出口を扼《やく》する要路となっている。ソ連の見地からみると、宗谷海峡の北側半分のみがソ連領に属し、南半分は北海道（日本領）に属するため、いざというときそれを完全に制圧できない。米海軍当局の見地にたつと、ソ連軍の作戦計画当局はすくなくとも北海道の北端を制圧して宗谷海峡の安全を確保したい、という軍事作戦を想定する確率がきわめて高い、ということになる。戦時における、この可能性については最近の英ジェーン海軍年鑑でも指摘されている。

だがこの種のシナリオの欠陥は、岡崎氏がよく引くようにノルウェイの戦略的地位との類比で北海道の地政学的地位が論じられ、もっぱら地政学上の視点から、純軍事的考慮のみで、侵攻の可能性が考えられている点である。すくなくとも、そこでは「経済」の重要な観点がのぞかれている。北半球の地球儀を上からみると、ソ連の位置からみて北欧諸国と北海道の地理的戦略的地位はたしかに類似している。だが、全面戦争の可能性のあるとき、ノルウェイや北欧のばあいならば、合衆国およびNATOが、一時それを放棄して、後退することは可能である。しかし、戦略予備力としての日本の工業＝技術能力のゆえに、日本を完全に放棄してソ連の支配下にゆだねることはグローバルな力の均衡上、西側にとって致命的な打撃になる。ライシャワー元駐日大使が、これまでの地図のかわりに、GNPではかられた経済力であらわされる、いびつな新地図を作成して日本のもつ新しい戦略的地位を明示したが、これまでの物理的「空間」中心の地政学的戦略論が時代おくれになった事実を、目にみえるかたちで理解させられたものである。

いいかえれば、この種のシナリオの大きな欠陥は、日本のもつ経済力、その戦略予備力としての重要性にかんがみ、日米安保条約にもとづく合衆国の抑止力の信憑性について言及していないことである。モスクワの立場からみて、北海道に侵攻してもワシントンがなんらの報復、反攻をこころみる「意思」も「能力」もないと見くびるとき以外にソ連が公然たる対日侵攻にでることはありえない。そのことは定義上、合衆国がすくなくともモスクワのパーセプションのうえで、二流国、三流国になったと映じたときのみである。

むしろ、現実に生じうる最大のリスクは、たんなる威力偵察か一時の戦術的な動きにすぎないものを、大規模な全面侵攻の前ぶれと錯覚して、ソ連の極東基地にたいして先制攻撃にでる過剰反応の危険性のほうである。このさい、ソ連はとうぜん中ソ国境付近に展開しているSS—20（これは移動式なので捕捉撃破不可能）か、極東地区に配備されているバックファイヤー爆撃機で、日本のいわゆる「不沈空母」の基地もしくは都市を攻撃することができる。たとえ日米空軍がソ連の極東基地を全滅させたとしても、シベリア奥地のミサイル基地や空軍基地、さらにソ連本土の工業中心地域を完璧に破壊しつくさないかぎり、日本本土はいつ何時でもソ連の反攻にさらされる危険性がなくならない。

したがって、「攻撃的兵器なしの専守防衛では、抑止にならない」と、プロらしい卓見をのべる制服組の専門家が多いが、核時代におけるソ連にたいする日本側の局地的反撃は、おそらく真珠湾奇襲の愚行をはるかにうわまわるものとなろう。

2　海上連絡路（SLOCs）防衛シナリオ（地域的エスカレーション）

八四年二月一日発表された合衆国の「国防報告」でも、「日本は合衆国の前進基地戦略のかなめ石」とうたわれている。ソ連の極東での脅威がたかまるにつれて、米軍事当局はアジア太平洋地域における日本のもつ大きな戦略的重要性に目をむけはじめた。

米軍作戦当局者は、とうぜん、現在アメリカが担当している日本本土防衛および海上交通路防衛の義務を日本側に肩がわりしてもらい、それによってペルシャ湾と中東のような重要地域に米軍を転用する自由を確保したいとねがっている。一九八一年五月、ワシントンで鈴木〔善幸〕前首相がレーガン大統領と会談したさい、両首脳は、北西太平洋地域における「合理的な責任分担」の必要性を確認しあった。すなわち、合衆国は、日本にたいして核の傘と、必要とあれば攻撃的な力のプロジェクション能力を提供する。そのかぎりで韓国防衛を支援する義務を負う。

これにたいして、鈴木前首相は、ワシントンのナショナル・プレスクラブで演説したように、日本は憲法の範囲内で、自国の領土、日本本土周辺の領海、領空ならびに本土から一〇〇〇カイリ以内のシーレーンを防衛することが可能である趣旨のことをのべた。これは当然のことながら、日米安保条約下で、合理的な責任分担にもとづく日本の軍事協力をながらく希望してやまなかった米国当事者をよろこばせた。

だが、日本の防衛当局は、この目標達成がまだまだ遠い先のはなしである点でほぼ意見が一致している。くわえて八二年のフォークランド紛争の教訓は、日本のシーレーン防衛能力にかんする論議にあらたな波紋をなげかけた。

要するに、防衛の責任分担といっても、日本の海上自衛力はいぜんとして合衆国の空軍力におおきく依存しており、いかなる局地的地域的紛争であろうと、日本の海空軍力を投入することは、不可避的にソ連海軍の太平洋進出を阻止しようとする日米共同作戦に協力せざるをえないということになる。このことは、とりもなおさず、ソ連がすでに占領している千島列島周辺の海域のみならず、宗谷、津軽、対馬の各海峡の戦略的要所を封鎖し、日本本土周辺の海上交通路を防衛、制圧する戦略的オプションを保持せざるをえないという結論にみちびかざるをえない。

いいかえれば、日本はせまい意味での本土および周辺の領空領海を防衛するにも、合衆国の世界戦略に不可避的にまきこまれる、ということである。

だが、ここでの根本問題は、米ソ間のグローバルな軍事対決という有事のばあいをのぞいて、このような海上連絡路を封鎖、防衛しなければならないような事態がはたしておこりうるか――ということである。

この現実的可能性を考えると、平時および準戦時において、石油輸出禁止とか海上封鎖とかいった経済制裁の政治的有効性について、私はつね日ごろ、懐疑的である。

こんにちの経済相互依存の世界において、いわゆる「逆流効果《バックファイヤー・エフェクト》」が、どれほど大きな意味をもつかについて、現代の多くの軍事専門家は認識不足である。この「逆流効果」というのは、こんにちの経済相互依存の世界では、敵対国にたいする経済制裁やさまざまな経済価値の剝奪は、まわりまわって自国自身にふりかかり、けっきょく、ながつづきしないということである。

一九八〇年代、ソ連のアフガン介入にたいしてカーター政権のとった対ソ穀物禁輸措置がその典型的な例である。その結果、それまで七〇パーセント台の、ソ連の穀物対米依存度が二〇パーセント台におちこみ、米国の国内経済・政治問題にはねかえってきて、反ソ強硬姿勢のレーガン政府でさえ、対ソ穀物禁輸を解除せざるをえなかった。しかし、この禁輸措置でうけた米国農業生産者の打撃は、きわめて深刻で、農業不況の大きな原因のひとつとなっている。

これと似た「逆流効果」は、たとえばポーランドの経済困難についてもいえる。たしかにポーランドの経済不振の原因はあげればキリがないが、その大きな原因のひとつは、東欧が西側ときんみつな経済的相互依存関係をむすんでいる現状では、第二次石油危機による西側経済の不況、それがポーランド国内経済におよぼす逆流効果がきわめて大きかったからである。

このマイナス効果のもつ重要性を考慮にいれるとき、平時における資源の禁輸とか海上封鎖とか、潜水艦によるシーレーンの妨害、攪乱《かくらん》とかいった間接的な経済制裁の効果は、グローバルな規模で紛争が拡大する確率がきわめて高い米ソ武力対決のときをのぞいて、どれだけ効果があるかまったく疑問である。さらに、第二次世界大戦当時ではあるまいし、グローバルな規模での米ソの直接武力対決の緊張がたかまるなかで、海上封鎖とか、通商破壊とか悠長な間接的アプローチをとる余裕などあるはずがない。また、平時においてシーレーンの攻撃またはその威嚇をおこなうことは、全面戦争への危険に直結する。ここでも、旧式の地政学的思考の時代錯誤がある。

さすがキッシンジャーが指摘していたように、メキシコ、フィリピン、ブラジルなどの発展途上国が、債務不履行の脅迫によって、逆に債権国側（先進工業諸国）をおどすことが可能であるなどということは、数年まえまでは想像もできなかったことである。

これこそ、「弱者の恐喝」の典型的な例であり、戦後世界の力の性格がいかに変貌しつつあるかを、まざまざとしめす好例といっていい。

3「暫定協定」シナリオ（グローバルな規模でのエスカレーション）

以上のようにみてくると、日本本土や北海道が米ソ武力紛争にまきこまれるばあいは、グローバルな規模の米ソ武力対決のケース以外にありえないということになる。この想定にたつシナリオのみが軍事的リアリストの多くのシナリオのなかで唯一、妥当なものといえよう。その意味で岡崎久彦氏の想定する「暫定協定（modus vivendi）」シナリオは、もっとも洗練された論理的整合性をもっている。その内容はほぼつぎのように要約できる。

(イ)東西間の戦略バランスにかんしては、岡崎氏は近年の米国のネオ・ナショナリストの戦略観に似た意見をもっているようである。すなわち、デタント時代、MAD（相互確証破壊）という自己敗北的な戦略ドクトリンを合衆国側がとることで、ソ連の急速な軍事力拡充に追いつくことに失敗した。リチャード・パイプス、ワインバーガー国防長官などタカ派の言をかりれば、「ソ連は核戦争をたたかい、それに勝つ」ことを考えて着々と軍備をととのえているのに、アメリカ側はその対応をあやまった。

(ロ)米ソ両国のもつ核のラフ・パリティ（ほぼ均衡）の条件下では、日本が局地紛争にまきこまれて、それに参加させられる可能性は低い。かかる有事が生じるとすれば、それは、核戦争であれ、通常戦争であれ、グローバルな規模で、紛争が拡大するか、あるいは、その危険性がたかまったばあいにかぎる。しかし、現在の核兵器の応酬という危険きわまる潜在性がひそむ状況では、できるかぎり迅速に武力紛争を終結させようとする大きな圧力がくわわる。そのばあい、なるべく停戦または休戦にもちこむべく、ある種の「暫定協定(modus vivendi)」のかたちをとって武力紛争を終結にみちびく圧力がつよくはたらく（朝鮮戦争の先例）。

(ハ)日本は、そのもつ地政学上の戦略的位置と重要性のゆえに、いかなる政策（たとえば、非同盟＝中立）をとろうとも、グローバルな東西対立に不可避的にまきこまれる。したがって、西側世界にとって有利な条件で、なるべく早期に、戦争状態を終結させる目的をもった日米の共同抑止または共同防衛戦略をとる以外に、わが国の選択の余地はない。

(ニ)この共同抑止または防衛戦略は、ソ連極東軍のもつ現有兵力の限界のゆえに、抑止または防衛の可能性をもつ。すなわち、ソ連軍は、極東地域全体としてみれば、大規模陸上兵力を保有するが、対日侵攻にかんするかぎり中程度の水陸両用の侵攻能力をもつにすぎない。とくにソ連は、グローバル・パワーとして、世界の各地域に兵力を分散しなければならないという限界をもつのみでなく、合衆国は、日本防衛にとって重要な領域――つまり、空・海兵力の点において軍事的優位を保持している（ただし、米空軍力の優位については、岡崎氏は、最近、若干見解を修正している）。

要するに、日本の戦略の中核となる基本前提は、日米安保条約にもとづく共同抑止または共同防衛戦略でなければならない。まず、戦争を回避し、抑止するため、あらゆる努力がかたむけられるべきである。が、万一のばあい、西側にとって有利な条件、つまり日本の領土的損失（人的損失にあらず）を極小化し、戦略的利点を極大化するような「暫定協定」をむすぶかたちで、すみやかに戦争終結をソ連に強いる以外にとるべき途はない。以上が岡崎氏の「暫定協定」シナリオの要約である。

これについての私の批判は、つぎのようである。

抑止と防衛のディレンマ

論理的整合性という観点にたつと、岡崎理論は、森嶋通夫教授の防衛論と双璧をなす。「目標」の点でも「手段」の点でも両者は、さきの座標軸の対角線の両極に位置しているからである。その論理的精緻さにおいても、両者はきわだっている。かたや岡崎理論は、日米軍事協力の重要性を力説し、「同盟」関係の強化こそ戦争回避の王道であると説き、「手段」の点でも、軍事ハードウェア重視にかたむく。かたや森嶋理論は、「日本はアメリカを頼りにした国防をなすべきではないことは明白」として、日米安保体制による抑止を否定し、「自立」を説く。しかし、「ハードウェアで日本を守ろうとするなら、日本はあくまでも核武装をすべきである」が、そういう国防策が多くの困難をもち、「単独核武装案が不可能で、それ以外の武装案が見かけだおしだということになれば、われわれにはソフトウェアによる国防が残されているだけである」（森嶋通夫「新『新軍備計画論』補論」『文藝春秋』一九七九年十月号）。まさしく、「手段」の点で、非軍事的抑止のあらゆる手段、すなわち文化＝人物交流、経済協力、経済摩擦の解消、シベリア開発など、「ソフトウェアによる国防費」としてGNPの二・五パーセントをさくべきであると主張する。

私の立場を明確にしておくために結論からいうと、私はほとんど九〇パーセント、森嶋説に賛成である。とくに、多くのいわゆる軍事的リアリストが、戦争回避のために全力をつくすべきと口でいいながら、核軍縮、軍備管理、そして文化交流、経済協力——森嶋氏のいうソフトウェアの手段にどれほど真剣な関心と努力をはらってきたか、まったくうたがわしい。じじつ外務省は、これまでの情文局を大臣官房直属の部に格下げし、調査企画部を情報調査局に拡充し、その下に安全保障政策室を新設するという、右の方向とは正反対の機構がえにとりくもうとしている。文化交流をはじめもっとほかにやるべき、日本にふさわしい外交は、山のようにあるはずである。

にもかかわらず、森嶋説がなぜ大方の人びとの共感をよぶより反撥のほうがつよかったのだろうか。スイスの中立、ラインランド進駐、ミュンヘンの教訓、文民統制など、個々の争点についての森嶋教授の歴史的知識の精緻さ、反証の説得力、とくに井上成美《しげよし》提督の評価など、ほとんど全面的に私は森嶋教授の議論に賛成である。だが、どこか、ひとを納得させないものがある。

私のいうのは、「ソ連が攻めてくるばあい、自衛隊は秩序整然と降伏し、そのかわりに政治的自決権を獲得すべきである」という、森嶋説に多くの人たちが心理的抵抗を感じた点を指しているのではない。森嶋氏が反論し、論敵の関嘉彦氏もみとめていたように、抑止に失敗し、北海道なり日本本土がソ連の猛攻で戦場になったとき、猛りくるったソ連の攻撃で戦禍をうけ、廃墟になった本土で最後に皆殺しになるか、降伏するかの選択にたたされるくらいならば、戦うことなく「威厳に満ちた降伏をする」ほうが、まだしも民族の将来にとって希望がもてる、という結論にはなんぴとも反論できないだろう。あの狂気じみた日本の軍部ですら本土決戦をあきらめて、日本の将来のために降伏した。

森嶋説に反撥した多くの論者が、腑におちないと感じた点を論理的につきつめると、事前と事後の降伏のもつ相違に帰着する。敵の侵攻が現実におきる事前に、「威厳に満ちた秩序ある降伏」の戦略的オプションを計画し、準備することが、ソ連の対日行動の「意図」にたいして、どのような影響力をもつか、という点について森嶋説は十分説得力のある議論ではなかった。この事前と事後の問題をつきつめると、「抑止」と「防衛」のディレンマにいきつく。

いいかえれば、森嶋説は、徹頭徹尾、「同盟」や軍事力にたよる「抑止」の効力を否定し、純然たる防衛論の立場にたっている。要するに日本列島の軍事防衛不可能論である。その点では、海原治氏が有事即応の戦力という、まったく別の観点からであるが、防衛大綱に、歯に衣《きぬ》きせぬ批判をあびせ、また、最近のシーレーンの防衛とか、三海峡封鎖とか、絵にかいたモチのような一種の作文戦略の幻想をあばいたのと一脈通じる。

要するに、森嶋説も海原説も、抑止理論ではなく、抑止に失敗した事後の防衛論の立場にたっている。岡崎説は、日米共同抑止と共同防衛を、同列にならべて論じているが、論理的につきつめれば、抑止理論にほかならない。森嶋、岡崎両理論は正反対の立論にみえるが、両者とも核時代における「抑止」と「防衛」のディレンマを十分、つきつめて考えぬいたものではないという点で共通性をもっている。

両者の議論とも、一定の前提にたつかぎり、論理的に首尾一貫し、精緻で整合性をもっている。前述のスタンレー・ホフマン教授の警句がしめすように、逆説的ではあるが、両理論とも、〝明快〟で、論理的整合性をもつがゆえに、日本の安全保障論としては、吉田ドクトリン以来のあいまいな正統派（主流派）の、卓越した政治的リアリズムに対抗しえないのである。両者とも、局外者、傍観者（評論家）の理論であって、当事者、責任者の理論ではないからである。

私事にわたって恐縮であるが、私自身、かつて東工大の学園紛争で学長補佐として当事者となったえがたい体験がある。世界戦略とか、安全保障といったマクロの戦略状況とはことなるとはいえ、学園紛争というミクロの状況でも、抑止と防衛のディレンマを身にしみて痛感させられた。当時、「ゲバルトの論理」という論文（『柔構造社会と暴力』一九七一年、中央公論社所収）を書いて、学園紛争の戦略論を展開したことがある。

比喩的にいえば、マクロの世界での核抑止力および米軍の存在にあたるのが、警視庁・機動隊の存在である。学園紛争の管理責任者（当事者）として私の直面した課題は、このいわば「最後の手段」である機動隊を、学生にたいする物理的行使としてではなく、心理的政治的な威嚇または抑止効果に転化し、ゲバルトのエスカレーションを最小限度におさえ、学園の心的物的被害と荒廃をミニマムにとどめるためには、いかにすべきかということであった。東大はじめその他の大学が失敗したように、機動隊導入のタイミングを読みあやまって、みだりにこれを導入すれば、一般学生をも全共闘側においやる。だが、学園の「自治」にこだわって、いかなるばあいにも、機動隊を導入しないと、学生に誓約すれば、抑止力はうしなわれ、ほかにとりうる手段は、京大方式のような「自主防衛」か、ゲバルトの圧力による無限の譲歩もしくは無条件降伏の道しか残されていない。

学園紛争のような状況でも、当事者は、明快ではありえない。岡崎理論の明快さも、当事者ではなく、評論家のもつ明快さである。

まず第一に、東西対立の力の均衡について、岡崎氏や清水幾太郎氏は、キッシンジャーの有名なブリュッセル演説をひいて、相互確証破壊（MAD）戦略が理論的に破綻したという。ソ連がデタントを利用して、「核戦争をたたかい、勝つ」準備をしているという現レーガン政権のまわりにいるネオ・ナショナリストとおなじ核戦略思想をとっている。だが、マクジョージ・バンディのような当事者は、すでに一九六九年に、「政治指導者が核兵器について本当に考えていることと、ウォーゲームのシミュレーションで、どちらが相対的に兵力の優位にたてるかといった複雑な計算をやって想定されているシナリオとのあいだには、こえがたい断層がある。シンク・タンクの戦略分析者は、……非現実的な世界の住人なのだ」といっている。

岡崎氏にしても、米国のネオ・ナショナリストにしても、軍事的リアリストは、とかく武力紛争が、非核・通常戦争のレベルにとどめうると、安易に考えやすく、その限定能力について自信過剰になる傾向がみられる。核戦争と通常戦争のあいだにある深い断層に鈍感となり、いつしか戦争回避と攻勢的姿勢が両立しうるかのような錯覚におちいる。かつて私は、この軍事的リアリストの戦略的思考にみられる傾向を、「戦略的思考のソヴィエト化」とよんだことがあるが、最近、ある論文で、ジョージ・ボールが同じ語を使用しているのを発見しておどろいている。

私は国防総省で日本および極東関係の担当官に会って、シーレーン防衛、三海峡封鎖などの日米共同作戦が、抑止戦略として、どのような効果をもつかを質問したことがある。たとえば、ソ連がその戦略上、死活の重要性をもつと考えている宗谷海峡の封鎖作戦とか、シーレーン防衛計画が日程にのぼっているが、それは抑止よりも、挑発にならないか。いいかえれば、有事のさい、その共同作戦を実行して、なおかつ、ソ連のSS—20やバックファイヤー爆撃機の反撃をまねくことがないか、とたずねてみた。しばらく考えたすえの彼の回答にはおどろいた。朝鮮戦争からベトナム戦争にいたる戦後アジア太平洋の戦史のしめすところ、ソ連は、直接の軍事介入にでてきたことは一度もなかった。だから心配ない、というのである。しかし、これらのケースでは、背後にソ連がひかえていたことは事実としても、直接の交戦国ではなかった。だが、宗谷海峡の封鎖作戦やシーレーン防衛の作戦は、まったく事情がちがう。しかも、右にあげた事例は、すべて局地紛争に限定されたケースのみで、岡崎氏はじめ、軍事的リアリストの想定するグローバルな米ソ武力対決のばあいとは文脈がちがう。したがって、朝鮮戦争からベトナム戦争にいたる過去の教訓をひいて、ソ連の攻撃が抑止されたからといって、三海峡封鎖やシーレーン防衛の日米共同作戦で、ソ連がおなじように抑止され、反撃にでないとどうして保証できるのか。この私の反論に納得のいく回答はなかった（わが国の防衛論議で欠けている最大盲点は、海峡封鎖の危険性である。本書第Ⅳ章有事を参照）。

忘れられた日米間の利害対立

岡崎理論での最大の欠陥は、三海峡封鎖やシーレーン防衛での日米共同抑止と共同防衛戦略と簡単にいうが、その底にひそむ日米間の利害対立をあきらかに無視していることである。たしかに、合衆国の圧倒的な力の優位があって、抑止が有効であると信じられているばあいには、日米の運命共同体論もさして実害を生じないだろう。

だが、岡崎理論の特徴は、「暫定協定」シナリオという性格がしめすとおり、抑止に失敗して現実に戦争状態にはいったばあいを想定してたてられたものである。この万一のさい、日米両国の利益が一致すると想定するには、よほどの人の好さを必要としよう。

合衆国は、グローバル・パワーとして、西側全体の利益を優先させて考え、とうぜん自国の安全確保を第一に考えるだろう。そのためならば、ギリギリのばあい、日本本土の全面破壊をも辞さない通常戦争のリスクをおかしても、戦略的優位を確保しようとするだろう。おそらく、その戦略的優位を確保するためならば、東アジアにおけるソ連の空・海軍基地への先制攻撃、SS—20とバックファイヤー爆撃機の基地にたいする危険な攻撃、対馬、津軽、宗谷の三海峡封鎖など、あらゆる手段をとる可能性がある。

さらにソ連軍兵力の分散のため、東アジアその他の地域（中ソ国境、朝鮮半島、北海道周辺地域など）で、合衆国が第二戦線を意図的につくりだす戦略的こころみが生じうる。じじつワインバーガー＝レーマン戦略は、地政学的見地から、世界中のそれぞれことなった地域間のリンケージを強調し、緊急派遣部隊（RDF）の展開能力を補強するため、同時多発戦略（水平的エスカレーション戦略）をとる意図をしめしている。「一九八〇年代において、地理的リンケージこそ、米国の、あたらしい抑止戦略の中心的概念になるだろう」とサミュエル・P・ハンティントン教授（ハーバード大学国際問題研究所所長）も強調している。

要するに、岡崎氏のような軍事的リアリストの戦略にある根本的欠陥は、現代の核時代における抑止と防衛のもつきびしいディレンマを十分、認識せず、ひろく戦略上の政治的心理的要因を無視することにある。いかなる暫定協定シナリオも、それが紛争の限定化(限定戦争)であるかぎり、とうぜん考慮しなければならないものは、国家の意思、意図、世論の動向、意思決定過程などの複雑な政治的要因である。ところが、岡崎氏は、抑止でも防衛でも、「現有兵力」(forces in being)の規模、稼働率、その力のバランスのみに関心を集中し、その兵力動員、配備に要する「時間」の要素や、ソ連本土の中心部に備蓄された工業能力の要素などに注意をはらっていない。

これらの諸資源が動員され、侵攻やエスカレーションの規模を決定するものは、西側の出方や動きについてのソ連側のパーセプションにおおきく依存している。開戦時の「現有兵力」ハードウェアのバランスのみがモノをいうのは、日清戦争当時のみである。

岡崎氏の戦略的思考が、奇妙にも日清戦争の段階にとどまっていることは、いたるところに、日清戦争時の日清間の建艦競争のはなしが出てくることでもあきらかである。たとえば、「二つの国の軍事力を比較する場合、大局的に見て有意義な物差《クライテリア》しは、『ほぼ同等《パリティ》』の状態か、いずれかが『明白な優位』であるか、の二つしかないと考えてよい」とのべ、清国側が「明らかに優位」にあった時期から、日本の官民一体となった大建艦計画で、やがて日清がほぼ同等《パリティ》の状態に達し、その段階で戦争となって日本の勝利に帰したいといい、キューバ危機の例にまで、「定遠」と「扶桑」の差とか、「定遠」と「鎮遠」などの戦艦の数、主砲の威力、装甲などの話がいたるところにでてくる。

岡崎氏が、わが国の安全保障にとって重大でありながら、とかくなおざりにしがちな朝鮮半島の歴史にくわしく、その点つね日ごろ、敬服しているのだが、力のバランスのはなしで、日清戦争の建艦競争の例がでてくることは、氏の戦略的思考の根幹にかかわる問題なので、とくにとりあげたい。

いうまでもなく、日清戦争当時、二国間の軍事バランスを測るのに、日清両国の建艦競争でことたりたのは当然のことである。両国とも外国（主として英国）から購入する以外になく、問題はその費用のみであった。自国の生産力で建造することも、ほかの地域に備蓄された予備力を移動することも、考慮せずにすんだ。したがって、現有兵力——とくに軍艦の数、装甲の厚さ、主砲の威力などで測れるハードウェアの単純なバランスで、力関係はきまり、戦争はいわばハードウェアのつぶしあいによって勝敗もきまった。

だが、日露戦争になるとすでに事情がちがってくる。さすが日露戦争当時の陸軍参謀本部と海軍軍令部は、日清戦争当時とは、まったく質的にことなった戦略的環境が出現したことを明確に認識していた。つまり、対露戦争では、開戦時において保有する彼我の「現有兵力」のバランスが勝敗を決するのではなく、ヨーロッパ本国に備蓄されたロシアの力が動員され、極東地域へ移送され、兵力が増強されるのに、どのくらいの「時間」がかかるか、シベリア鉄道の輸送能力、バルチック艦隊の回航に要する「時間」など、十分に調査し計算するだけの戦略的知性があった。

この点こそ一見、おなじく日本海軍の先制奇襲ではじまった太平洋戦争のばあいと似て非なる点である。すなわち、日露戦争時には、本土と戦場をむすぶ「補給」の問題が決定的な重要性をもつようになっていた。日露戦争は、当時の陸上、海上の未発達な交通手段の制約下で、ヨーロッパの工業中心部からきわめて遠隔の戦場でたたかわれた限定戦争であったため、日本軍は対露戦不可避であるならば、できるかぎり迅速に戦端をひらき、ロシア本土から主力が満州に輸送、増強されるまえに、すみやかに局地の現有兵力をたたきつぶす必要があった。

おなじ奇襲ではじまった太平洋戦争とは、その戦略的計算において雲泥の相違がある。地理的に本土にちかい日本は、連合艦隊による制海権が確保されているかぎり、補給の点で圧倒的に有利な地位をしめ、戦略的主導権をうばいつづけることができた。太平洋戦争になると、すでに戦略的環境は一変していた。井上成美提督のみが自覚していたように、きたるべき日米戦争は、日清戦争のような「現有兵力」ハードウェアのつぶしあいでもなければ、日露戦争のときのように、本土からの輸送による兵力増強に要する「時間」の問題でもなく、米本土に備蓄された工業潜在力がいかにフルに動員され、実戦化されるかの「意図」と「抗戦意思」の問題が決定的になってきた。

ワシントン会議以後の日本海軍主流派が、比率シンドロームともいうべき、大艦・巨砲のハードウェアのバランスのみに関心をうばわれ、その人的物的資源がフルに動員され実物化されるのは、アメリカ国民の戦争へのコミットメントの深さ、戦争目的のレベルなどに深く依存していることに気づかなかった。

日露戦争当時の指導層がいかにすぐれていたかは、ロシア本国内部の後方攪乱を重視し、明石大佐のロシア革命への支援活動など、その諜報活動の卓越性とあいまち、その現代的知性の点で、太平洋戦争当時の日本人とおなじ日本人とはおもえないほどである。

岡崎氏の戦略的思考が日清戦争当時にとどまっていることは、氏がつねに「現有兵力」のバランスのみに重点をおき、その現有兵力がたえず情勢によって変化するものであることさえ忘れている点をみればあきらかだろう。氏は、以前、極東での米国の空、海軍力についていては、明白な優位をもつことを強調して、氏の日本防衛構想が現実に可能である論拠としていた。ところが、『戦略的思考とは何か』になると、「海軍力では、東太平洋に第三艦隊が控えているので太平洋、インド洋全域のバランスでソ連が優位を占めているとはいえませんが、空軍力に関しては、日本列島周辺においてソ連の優位を認めざるをえない状況になりました」と述べている。むろん、軍事バランスや情勢はたえず変化するもので、それをつねに修正することに何ら反対はないが、つぎの文句には二の句がつげなくなる。

「いまになってふり返ってみると、たしかにあれほど騒ぐだけの実質のある変化でした。やはり、『定遠』『鎮遠』のときのように、誰の眼にもはっきり見える変化だったのでしょう。……また逆から考えれば、これだけの変化が僅か数年間のあいだに起ったものだということ自体が、日本の防衛の将来に希望をもたせてくれます」

こういう議論をきいていると、三沢基地（青森県）に対するF―16の配備計画を正当化するための伏線ではないか、などとついゲスの勘ぐりがあたまをもたげてしまう。

現レーガン政権は、日本の安全保障政策の根本前提にある発想の根本的な転換をもとめ、これまでのような憲法、予算の制約などから出発するのではなく、アジア太平洋地域における日米のあらたな防衛の役割分担を要求している。

その意味で「大綱」や綜合安全保障・八〇年「報告書」作成に主導的な役割を演じた高坂正堯氏が、かつて吉田ドクトリンのもつ本質的な曖昧さを反省し、「賢明ではあるが論理的一貫性を欠く」と評したことがある（大嶽秀夫『日本の防衛と国内政治』一九八三年）。

しかし、吉田ドクトリンは、核時代の日本の安全保障政策にふくまれる、さまざまなトレード・オフと、それを反映する各集団による交叉《こうさ》圧力の妥協の産物であった。それは「同盟」によって安全を優先的に求めるグループと、米国から自立して「独立」を求めるグループとの妥協であり、「福祉」と経済を重視するか、それとも「軍備」を優先させるかのグループの妥協の産物でもあった。そして、現在、「西側の一員」として、ソ連の脅威に対処する具体的な共同防衛戦略の問題が日程にのぼった以上、「抑止」と「防衛」にひそむディレンマにも目を閉じることはできない。吉田いらいの保守本流の安全保障政策が論理的一貫性を欠き、色こく両義性をもつこと自体が、吉田ドクトリンの卓越性をしめすものにほかならない。わが国民のすぐれた能力のひとつが、「両義性への寛大さ」にもとづく政治的妥協能力にあるとすれば、吉田ドクトリン（正教）のしめした異例の持続性の秘密も、またそこにあるといわねばならない。

こんにち、多くの西側国民から、「愚者の楽園」といわれようとも、われわれは、四〇年にわたる激動の冷戦を生きぬき、西側世界の「戦略予備力」として利用可能な高度の工業＝技術能力をきずきあげてしまった。この戦略予備力をいかなる方向に使用するかの戦略的決定にこそ、世界の将来がかかっているといって過言ではない。

Ⅱ　安全保障と国民経済——吉田ドクトリンは永遠なり

戦後わが国が欧米なみに、軍事支出と武器輸出に依存する軍事ケインズ主義という麻薬に汚染されそうになった最初は、朝鮮戦争の特需ブームにわく一九五〇年代前半であった。この甘い誘惑に抗して、今日の非核・軽武装・経済大国という、特異な国際的地位と繁栄の基礎をきずいた功績者はだれか。いま日米軍事技術協力という第二の危機をむかえて、この危機をのりこえることがはたしてできるか。

米戦時経済の奇跡

外国にいく利点はいくつかあるが、自国にいると気づかない思考の盲点を衝《つ》かれるような質問をうける機会が多いことも、そのひとつに数えることができよう。それは、あたかも素朴な子供の、「なぜ」の問いかけに似た新鮮さをもっている。

たとえば、在米中、私がアメリカ人からうけたその種の質問のひとつに、つぎのようなものがある。――戦後一貫して保守単独政権下にある日本で、どうして防衛費がGNP対比一パーセント以下というような非常識な国内的制約をとり除くことができないのか。そのことのよしあしは別として、そういわれてみるとたしかに不思議である。とくに、われわれのように、二大政党による政権交代が民主政治の精華《エッセンス》と信じこまされてきた世代の政治学徒にとって、この質問は急所をついている。イギリスはじめ西欧諸国で、強力な社会民主主義諸政党をもち、政権交代による野党の抑止力がきいている国々でも、軍事費がGNP対比一パーセントなどという〝非常識〟な国はない。朝鮮戦争からベトナム戦争にいたる熱戦をふくむアジア太平洋地域の激動期にあって、非核・軽武装・経済大国という変則の国際的地位をこんにちまで保持しえたということ自体、まさしく「奇跡」というほかないものである。この事実に、さほどのショックもおどろきも感じないひとがいるとすれば、そのひとの思考の惰性、感受性の鈍磨は、かなり重症におちいっているとおもってさしつかえない。

いうまでもなく、アメリカでは、民主・共和両党が政権を交代する。平均的な日本人のイメージでは、民主党のほうが進歩的で、共和党のほうが保守的とみなされている。民主党のケネディ神話は、本国より西ヨーロッパや日本でむしろ強い。民主党予備選挙で、いわゆる「アタリ・デモクラット」の一人、ネオ・リベラルの驍将《ぎょうしょう》、ゲーリー・ハート上院議員が、予想に反して本命のモンデール前副大統領に善戦していた姿に、若き日のケネディの面影を見る人も多いにちがいない。

だが、共和党は「平和と不況の党」であり、民主党は、「戦争と繁栄の党」であると、よくいわれる。この一種のクリシェ（陳腐な常套句）には争いがたい真実がふくまれている。ウィルソンの第一次世界大戦、F・D・ルーズベルトの第二次世界大戦、トルーマンの朝鮮戦争、ケネディ＝ジョンソンのベトナム戦争と、数えあげただけでも、民主党が「戦争の党」だというレッテルがあながち偶然とのみいいきれないことがわかるだろう。

かつて拙著『平和の代償』（前掲）で、この事実を指摘して、そのサイクルに、「無為の蓄積」と「全能の幻想」の悪循環がひそむことを指摘したことがある。つまり、共和党はどちらかというと、国内経済の面でも対外政策の面でも不介入主義のため、国内経済では不況と沈滞がつみかさなり、やがて内外問題で連邦政府の積極的な役割をより重視する民主党に交代する。そして、「全能のアメリカ」という理想主義をかかげて海外問題にも積極的に介入していく。

外交戦略面でも、似たようなサイクルがみられる。たしかに戦後アメリカの対外政策は、トルーマン政府時代いらい、ほぼ一貫して、対ソ「封じ込め」政策をとってきた。この

「封じ込め」という基本目標はほとんど変わらないが、その目標を達成する手段、その優先順位、国益とコミットメントの定義などについては、めまぐるしく変化してきた。

ところが不思議なことに、相手国のソ連のほうは、その追求する目標と手段の点で、それほどの変化があったとはおもわれない。ソ連帝国の地政略的な膨張主義、たゆみない軍事力増強、第三世界の地域的不安定の機会利用など、クレムリンの戦略的一貫性こそ、いわゆる軍事的リアリストや対ソ警戒論者の説いてやまないところである。つまり、一貫したクレムリンの対外政策と戦略にくらべて、くるくると猫の目のように変わるアメリカの戦略スタイルは、あざやかな対照をなしているといっていい。とすれば、論理的につぎの推論が生まれるのをさけるのはむつかしい。すなわち、アメリカ政府のとってきた対外政策、戦略ドクトリンの変化は、客観的な国際情勢、クレムリンの政策、出方、その脅威に対応しているのではなく、アメリカ自身の国内政策、とくに国内経済の条件にふかく根ざしているのではないか、という疑問である。

この対外政策の「国内制約性」という視点にたつと、安全保障問題でアメリカ人と話しあって、つくづく感じさせられるのは、日米両国民の戦争体験の相違である。

誤解をいとわず、あえていえば、第二次世界大戦ほど、アメリカ国民が幸福《ハピー》であった時期はなかったのではないか。それは、卑劣な黄色い野郎どもがしかけた欺《だま》し討ちで、やむなく立ちあがった正義の自衛戦争であり、ファシズムの野蛮と暴虐から西欧文明と民主主義を守る聖戦であった。真珠湾奇襲後、やや誇張したいい方をすれば、アメリカの学園から学生の姿はほとんど消え、五体満足で軍務に志願しない若者は、女性から相手にされなかった。この若いGIたちは、あの時期のアメリカを象徴するような〝ジープ〟を駆って、世界中の山河を嬉々としてかけめぐった。

これにたいしてわが国では、いったい何人の学生が心から太平洋戦争を聖戦と信じてすすんで軍務に志願したであろうか。あの当時の学生の実感では、入隊は、「タコ部屋」入りか、刑務所にいくのとかわらない感覚でうけとめられていた。東条英機首相の号令で、あの雨中の悲愴《ひそう》な学徒出陣はあったが、アメリカのように志願した学生は数えるほどしかいなかった。

第二次大戦は、ベトナム戦争と雲泥の差で米国民の圧倒的な支持をうけ、国債は羽根がはえたようにさばけ、増税への反対はなく、したがって、インフレもなかった。数百億ドルの資金が戦争機構に投入されたが、国民の消費生活になんらの変化もなかった。むしろ逆に、一九三九年から四五年にかけて個人一人あたりの実質消費は一一パーセントも上昇した（『歴史統計』二二五ページ）。三〇年代よりも、四〇年代のほうが、より多くの大砲と、より多くのバターを同時に増産することができた。その秘密は、めざましい生産性上昇率にあった。白人も黒人も、男性も女性も手をとりあって工場ではたらき、戦車と戦闘機、空母に爆撃機をつくった。一九三八年当時わずか三三万三〇〇〇弱（女性をふくむ）の現有兵力しかなかったアメリカが、やがて一〇〇〇万におよぶ兵力を動員し、三〇年代の大恐慌で休止していた工場施設は、「民主主義の兵器廠《しょう》」としてフル回転に入った。

第二次大戦を契機に、連邦政府は、かつてないほどふかく全産業体系の管理に関与するようになった。その戦時生産のピーク時には、すべての製造業のほぼ四〇パーセントが、戦争努力に傾注された。だが戦争の要求する大規模な資源動員計画は、とくにあらたな組織を必要としなかった。F・D・ルーズベルトのニューディール政策が準備した各種の労使関係協議会、労働組合組織、産業経営者の協議会、貿易協議会などの諸制度がそのままフルに稼働することで、ことたりたのである。それは、まさしく、ジョン・M・ケインズが予言したとおりであった。一九四〇年七月に、彼は合衆国の雑誌に一論文を寄稿して、ニューディールの姑息《こそく》な財政支出に論評をくわえ、「資本主義デモクラシーのもとでは、私の理論ケースを証明するに足る大規模な実験に必要な財政支出を組織化することは不可能のように思われる。但し、戦争という条件を除いては」とのべ、「戦争準備と軍需生産のみがアメリカ人にたいして、米国経済のもつ潜在的可能性について多くのことを教えてくれるだろう。おそらくニューディールの勝利であって敗北ではないところの、経済刺激が、あなた方により大きな、個人的消費と、より大きな生活水準の向上をもたらすだろう」と、予言していた（「合衆国とケインズ計画」『ニュー・リパブリック』一九四〇年七月二十九日号）。

この戦時経済の奇跡から、いったいアメリカ人はなにを学んだろうか。おそらく理論的には、二つの方向がありえた。

第一が、現ハーバード大学の経済学者ハーヴェイ・ライベンシュタイン教授の近業のように、この戦時経済の成功から、生産性上昇率が、これまでの経済学的分析用具では説明しつくせないことをみとめ、いわゆるエックス効率（X-efficiency）という新概念をつくって説明しようとしたような方向である。すなわち、生産性上昇が、技術革新や労働者一人あたりの資本装備率の上昇によるよりも、「生産のプロセス」に多く依存していることをつきとめた。すでに、エミール・デュルケーム（フランスの社会学者）いらい、社会学では常識になっているように、戦争は、人間社会・組織の連帯感と共同体意識をたかめ、自殺、犯罪、神経症、アル中、家庭内暴力、その他もろもろの社会解体とアノミーを収束させ、「国家の健康」を回復する。産業の領域でもおなじことがいえる。平時において従業員のやる気を殺している多くの無駄、贅肉《ぜいにく》、旧弊、ぎくしゃくした労使関係、要するにその潜在的生産性をフルに発揮させることを阻害している諸要因（エックス非効率）が、戦時において一挙に除去されるからである。

このエックス効率という生産性の社会学的モデルにもとづいて、どうしてアメリカでは、戦時において可能であったことが、平時において不可能なのか、なぜ日本は、平時において、あたかもアメリカの戦時経済のような活力と生産性上昇が可能なのか。このあらたな社会学的洞察から、生産過程の内部変革の方向に戦後アメリカが進んでいたならば、おそらくこんにち、「日本に学べ」というスローガンも必要なく、文句ない世界の指導国家にふさわしい健全な産業基盤をもちつづけえたであろう。

ところが、アメリカ人の戦時体験は、右のような、いわば「縮み志向」（生産過程の内部合理化）とはまったく正反対の方向を学びとった。いうまでもなく、戦争は、ある意味でこのうえない「顕示的消費」（ソースタイン・ヴェブレンの語）の機会である。戦車、戦闘機、艦船、大砲、工業製品（ハードウェア）は、造っても造ってもさばききれない空前の大破壊で、大量消費される。ゴム以外の国内資源が無尽蔵で、デトロイトを中心とした大量生産方式は、まるでこの種の大戦争（工学的戦争）のために準備されたようなものである。アメリカ経済は、「大砲」をつくることで、「バター」を増やしたといっていい。

降りそそぐ焼夷弾と原爆、飢餓線上にさまよい、インフレの悪夢におびえたわが国民の戦争体験とくらべて、なんと幸福《ハピー》な戦争であったことか。この戦時経済の甘美な味が忘れられなくなったところに、アメリカ衰亡のかげがしのびこんだ、といって過言ではない。

「大砲」で「バター」を

第二次大戦の経済があまりにうまくいったため、戦争が終わっても、第一次大戦当時のようにすぐ平時経済に復帰することができなかった。三〇年代不況の悪夢への復帰をおそれたためだけではない。全米の産業体制自体が、戦時動員システムのなかにふかく編みこまれてしまっていたからである。戦時中、二六〇億ドルの資金が新規のプラントや産業施設(その三分の二が政府施設)に投入された。戦争終結にともなって、その軍事生産施設は、おどろくほど安い価格で大企業に売却され、全米の大手企業の二五〇社が、そのプラントの七〇パーセント以上を獲得した。それが一種の軍事ケインズ主義ともいうべきものがうまれざるをえない構造的理由であった。産業経営と管理の上部構造が、半恒久的な防衛産業システムのなかに編みこまれ、その稼働率をたかめるためにも、一種の準戦時状態——つまり冷戦が必要となった。

たとえば、冷戦のバイブルといわれるNSC68文書(ポール・ニッツェ主査、一九五〇年四月大統領に提出)は、朝鮮戦争を予想して作成されたものではないが、つぎのようなことが述べられている。──「第二次大戦の最大の教訓のひとつは、アメリカの経済が、戦時中ほぼ完全にちかい効率を発揮し、一般民間消費以外の目的（戦争目的）に巨大な資源を提供できたのみでなく、同時に、一般市民により高い生活水準を与えることに成功したことである」（国務省外交文書第一巻参照）

朝鮮戦争後、経済諮問委員長となったレオン・ケーセリングは、「バターか大砲か」という二者択一があやまりであることを強調し、大砲をつくることで、バターも増えることを力説してやまなかった。つまり、国内需要を管理するのに、ケインズ的テクニックを適用すべきであると熱心に説いた。防衛支出の増加で国民の生活水準を相対的に低下させ、高い課税、政府介入の拡大をまねくという共和党流の通念がまちがいであると強調した。

じじつ朝鮮戦争後まもなく、商務省が実業・防衛管理局を新設し、アイゼンハワー政府時代の商務長官シンクレーア・ウィークスがのべた語をかりると、それは、「日常の産業システムで、その操業度をたかめるという見地から、有効な政策・計画を実施する任務」をもつ機関となった。この実業・防衛管理局が軍事および原子力計画に必要な原料資源を配分する権限をもち、課税上の優遇措置、政府ローンの供与、その他、連邦政府の積極的な助成を大統領に勧告する権限を掌握した。その他、内務省は、戦時生産局の一部であった石油産業委員会をうけつぎ、平時における石油輸送、設備投資の資金配分を一手に握った。

いうまでもなく、国防総省《ペンタゴン》は、この全産業の管理機構の中心的地位をしめることになった。唯一、最大の兵器調達者として、一九五二年には、GNPの一一・六パーセントを武器購入にあて、つぎの二〇年間、兵器調達費が実質で六パーセント以下にさがることはなかった。さらに、連邦政府は、一九七七年ごろまでに全米の航空機輸出の五六パーセント、工学・科学兵器の一二パーセント、電子通信器具の一二パーセントを購入し、七〇年代までに、ペンタゴンは、全米の研究開発費のほぼ三〇パーセント、政府助成研究の八〇パーセント以上を提供するにいたった。商業ベースにのらない、基礎科学研究助成に全研究費の三分の二をこえる援助をペンタゴンがおこなっている。一九七七年には、航空機産業の研究開発費の七〇パーセント、通信技術開発の四八パーセントに達している。

むろんこのようなペンタゴンを通じての一種の産業政策は、宇宙開発、半導体、その他の先端技術の分野でもいちじるしい。一九六二年には、集積回路一個あたりの費用《コスト》が五〇ドルもしたが、一九六八年には、二・三二ドルまで下がり、おなじ時期に、政府援助で半導体市場が四〇〇万ドルから、三一〇〇万ドルに急成長をとげることができた（ロバート・B・ライシュ『アメリカの次のフロンティア』一九八三年参照）。

わが国では、軍産複合体というと、左翼用語かとおもっているひとが多いが、これこそ、生粋《きっすい》の保守主義者アイゼンハワー大統領がホワイトハウスを去るにあたって、アメリカの将来を心から憂える警告の語であった。だが、彼の警告にもかかわらず、国防総省の供与する麻薬の毒は、全米経済の体内をむしばみ、もはやその覚醒剤か、麻薬なしには生きられない体質の軀《からだ》になってしまった。

ケネディ政権のニュー・エコノミックスは、「大砲でバターを」という軍事ケインズ主義そのものであった。ケネディの経済顧問の一人、ポール・サミュエルソンでさえ、大統領就任前のタスク・フォース報告書のなかで、ケネディ政権が用意している膨大な軍事費増額を積極的に支持して、「経済が、この特別予算の負担にたえきれないという誤った観念のとりこになって、国家の安全が必要とする水準以下に軍事支出をへらすべきではない」と説いている。そして、「軍事支出を増額することはそれ自身、望ましいことであるばかりでなく、この計画を促進させることこそ、わが経済の健康をそこなうどころか、その成長を助けることができる」と断言していた。

ケネディのほかの最高経済顧問の一人、ウォルター・ヘラーも、「国内の繁栄と急成長は、国内の偉大な社会建設と、海外介入のグランドデザイン双方の目標達成に必要な諸資源をつくりだすことができる」と述べ、民主党が「戦争と繁栄の党」であることを明確にうらづけていた。一九六四年七月、リンドン・ジョンソン大統領は、合衆国のヒュブリスの頂点にたって、「われわれは、世界史上もっとも富んだ国民である。われわれが、わが国の安全と自由を確保するため、必要とする力をすべてもっている。そして、いまこそ、それを実行するときがきた」とたからかに宣言した。偉大な社会建設と、ベトナム介入という、「大砲によるバター」の政策にのめりこんでいった。その結果、七〇年代のアメリカ経済をなやませる悪質のインフレ体質をつくったことは、こんにちだれでも知っている。かつてジョセフ・シュンペーターが、「実際的なケインズ主義は、イギリス以外の土壌には植えつけられない苗木であって、他の土地に植えつけられると、すぐ枯死するか、そのまえに有毒化する」(『十人の偉大な経済学者』一九五一年)と予言したとおり、ケインズ主義はアメリカという土壌では、軍事ケインズ主義となって有毒化した。

七〇年代のポスト・ベトナム期において、共和党のニクソン＝キッシンジャー外交が、米国の力の限界をよく認識し、国内経済の負担を軽減しつつ、新型の封じ込め戦略をつくりだそうとした。これが緊張緩和《デタント》の名でよばれる戦略である。これは利用可能な国内資源に見あったかたちに国益の定義をあらため、封じ込めを放棄することなく、力の均衡を維持する手段であった。

それは多くの反デタント派(タカ派)が誤解したように、緊張緩和が、ソ連にたいする譲歩でも宥和《ゆうわ》でもなく、自国の利用可能な諸資源と費用の限界を十分、認識したうえにたてられたひとつの戦略であった。その戦略手段のコアにあったものが、リンケージであったことはいうまでもない。ソ連にたいして、戦略兵器制限、ベトナムからの名誉ある撤兵、第三世界の地域安定化に協力する意思があれば、その交換条件としてアメリカがまだ圧倒的に優位にたつ、貿易、農産物、信用、技術移転などで恩恵を与えてもよい、という、アメとムチの使いわけによるきわめてシニカルな現実政策であった。

これが失敗におわったのは、ひとつには、一九七二年の米ソ通商協定にさいして、故ヘンリー・ジャクソン上院議員を中心とする議会内の反対勢力に代表されるような議会の干渉である。つまり、ベルリン、SALT、中東、ベトナムでソ連に譲歩と協力をかちとる意図で提供された通商協定、信用・最恵国待遇の供与が、ロシア国内のユダヤ人の出国数を増やすという一種の「人権」問題とリンクさせられることで、キッシンジャー本来の現実主義が、めちゃくちゃになってしまった。しかし、そうしたイデオロギーや人権などの争点が介入してくる背景には、緊張緩和政策によって国防支出が激減したという事実を見のがすことはできない。

ベトナム戦のピーク時につづく七年間で、政府の兵器調達費は四四〇億ドルから、一七〇億ドルにまで凋落《ちょうらく》し、第二次大戦以降、実質の兵器調達費として最低のレベルにまで下降した。一九六九年ニクソンが大統領に就任した当時の四四パーセントから、一九七七年にフォードが退任したときの二四パーセントへと激減した。GNPにしめる国防費支出の比率は、一九六九年の八・七パーセントから七七年の五・二パーセントへ減少した。

これは麻薬のきれた中毒患者のように、アメリカ経済にたえがたい苦痛をあたえずにおかなかった。レーガンを支持する反デタント派が急速に国内に台頭し、ブッシュCIA長官の周辺に、それらのタカ派勢力が結集し、反共団体、「当面の危険委員会」をはじめ、ソ連の軍事的脅威論を国民に訴えはじめたのも、軍事支出の麻薬や覚醒剤を渇望する経済界のさけびを反映していたといっていい。不思議と、アメリカ国内で麻薬がきれかかると、外の国際政治でも事件がおきる。一九七〇年代末のホメイニ・イラン革命、ソ連軍のアフガン介入、イラン人質事件、中越戦争、中東情勢、ポーランド危機とつづく。そして、カーター民主党政権後半、ヴァンス対ブレジンスキーの力の均衡がくずれ、ブレジンスキー補佐官よりのタカ派路線が勝利をおさめ、大統領指令・五九号に象徴される転機をむかえる。ふたたび、軍事支出増大の麻薬依存度をつよめざるをえなくなっていく。

むろん、米国の対外姿勢の変化を、その国内の諸条件からのみ説明するアプローチにたいして、多くの反論が生じうることは十分よく承知している。朝鮮戦争からソ連軍のアフガン介入にいたる事件はどうか、大韓航空機撃墜事件はどうか、という反論である。

その反論について、ひとつひとつ再反論をここでこころみる余裕はないが、事件というものは、それをどう解釈するかの意味の文脈をはなれてはありえないということを指摘しておくにとどめたい。たとえば、一九七八年四月に、アフガニスタンにタラキ政権という社会主義政府が樹立され、それとおなじ四月にパリをとびたった大韓航空機がソ連領空を侵犯し、ムルマンスクに強制着陸させられるという似たような大事件がつづいて起きている。しかし、この当時は、米ソ両政府ともSALTⅡ妥結（一九七九年六月ウィーンで調印）をめざし、たかまる反デタント派の国内圧力に抗して、カーター政権も懸命にデタント保持につとめていた。この時代風潮の文脈のゆえに、両事件を結びつけて、八三年夏いらいの一連の事件のように、「邪悪の帝国」クレムリンの陰謀がその背後にひそむかのような世論誘導をカーター政権はあえておこなわなかっただけである。だが七九年夏ごろになると、フランク・チャーチ上院外交委員長のような民主党きってのリベラル派、SALT推進のハト派ですら、八月のキューバへのソ連戦闘旅団増強のCIA情報を口実に、SALTⅡ批准反対キャンペーンの先頭にたつほど、国内の政治ムードは急変しつつあった。フランク・チャーチ上院議員の出身選挙区がアイダホという保守的な農村地帯で、モラル・マジョリティなどのクリスト教右派のファンダメンタリズムの力がつよまって、彼もソ連に軟弱ならざる姿勢を選挙民に印象づけないと、その翌年、大統領選挙と同時におこなわれる上院議員選挙で再選があやぶまれる情勢（事実、落選した）になっていたからである。

この上院外交委員会のSALTⅡ批准反対の態度、さらに西独シュミット首相のうちだした戦域核にかんする二重決定などが、クレムリンにどのような影響をあたえたか。故ブレジネフ書記長は、軍部のつきあげるアフガン介入要求と、SALTⅡ批准をもとめるデタント保持の要請の板ばさみになったが、つぎの大統領選挙がおわるまで、SALTⅡ批准はありえないと、見きりをつけ、軍に対して、アフガン軍事介入へゴーの命令をくだしたといわれている。ソ連のアフガン軍事介入は、かつての北朝鮮軍の進攻と同様に、なんぴとも許容できない暴挙であるにしても、その事件の生じる文脈をつぶさにみれば、そこには米ソ間の相互作用がはたらいていることがわかる。アメリカの国内情勢と無関係に、クレムリンの一方的な対外膨張主義の一環として、すべての事件を把《とら》えるような、幼稚な情勢認識からはなにも生まれてはこない。その唯一の帰結は、軍事ケインズ主義という麻薬依存度をつよめ、自国経済を腐蝕《ふしょく》させるという効果のみである。

米国政治本来のサイクルからいうと、民主党から共和党への政権交代によって、軍事ケインズ主義から脱却する機会が訪れたにもかかわらず、レーガン新政権は、封じ込めの戦略に必要な国内資源と経済基盤をまず創りだす努力を優先させず、あたかも無制限の資源が利用可能であるかのような安全保障優先政策をとった。たしかに、連邦準備制度理事会のポール・ボルカー理事長の通貨管理政策やドル高などにたすけられ、一時、大不況いらいのもっとも高い失業率という代償を支払ってのことであるが、ともかくインフレを抑制するという、むつかしい課題に成功した。だが、いま増税と軍事支出削減をつよく訴えるフェルドシュタイン経済諮問委員長（一九八四年夏辞任）の直言にもかかわらず、減税と軍事支出増による一時の景気回復という覚醒剤中毒にむしばまれたアメリカ経済危機をすぐ脱却することは、不可能事を強いることであろう。

冷戦史研究の第一人者、ジョン・ルイス・ギャディス教授（元海軍大学、現オハイオ大学・歴史学）は、戦後アメリカの「封じ込め」戦略の底流にあるサイクル（対称的反応と非対称的反応のサイクル）を歴史的にあとづけた研究書（『封じ込めの諸戦略』一九八二年）の末尾で、「封じ込めは、ソ連のとった行動の反映であるよりは、おどろくほど、合衆国の国内ではたらく諸勢力の産物であった」という結論に達している。

なぜ吉田路線は永遠か

戦後わが国が欧米なみに、軍事支出と武器輸出に依存する軍事ケインズ主義に汚染されそうになった危うい時期はいくどかあった。なかでも朝鮮戦争の特需ブームにわく時期ほど、その甘い誘惑のつよかったときはない。

一九五一年、アメリカのMSA（相互援助協定）の支援のもとで、日本が自前の軍需産業と武器輸出の方向へのりだしていたら、こんにちの日本経済の奇跡はなかったにちがいない。この甘い誘惑を水ぎわでせきとめた功績は、吉田—池田—宮沢の保守本流の経済合理主義であり、大蔵省および財界主流、とくに銀行、金融界の均衡予算優先主義であり、それを背後で支えていたものが、社会党はじめ野党諸勢力、そしてなによりも反軍・平和主義の国民感情であった。これらすべては、敗戦という血と涙であがなった国民の自己体験と英知にふかく根をおろしたものであったといっていい。

ことさら逆説を弄するつもりは毛頭ないが、社会党はじめ野党が政権担当能力をかき、とくに保守合同以降、政権交代の可能性も閉ざされていたことが、防衛力最小限主義に徹した保守本流（吉田路線）の異例な持続性をつらぬかせた理由のひとつであった。もし社会党が西欧諸国の社会民主主義諸政党やアメリカの民主党リベラル派のように、強力な労働組合の組織と勢力を基盤として、たえず不況回避、完全雇用のつよい圧力をうけ、なまじ政権担当の可能性をもっていたならば、政権担当者の責任からも、非武装中立、自衛隊違憲、日米安保条約の破棄などのいわば、〝空想〟的理想主義を高くかかげることは不可能となったにちがいない。理想と正論をかかげて、国会における審議遅延、妨害、拒否などの抵抗手段で、わが国の軍事化への歯止め、抑制機能をはたらかすことはきわめてむず

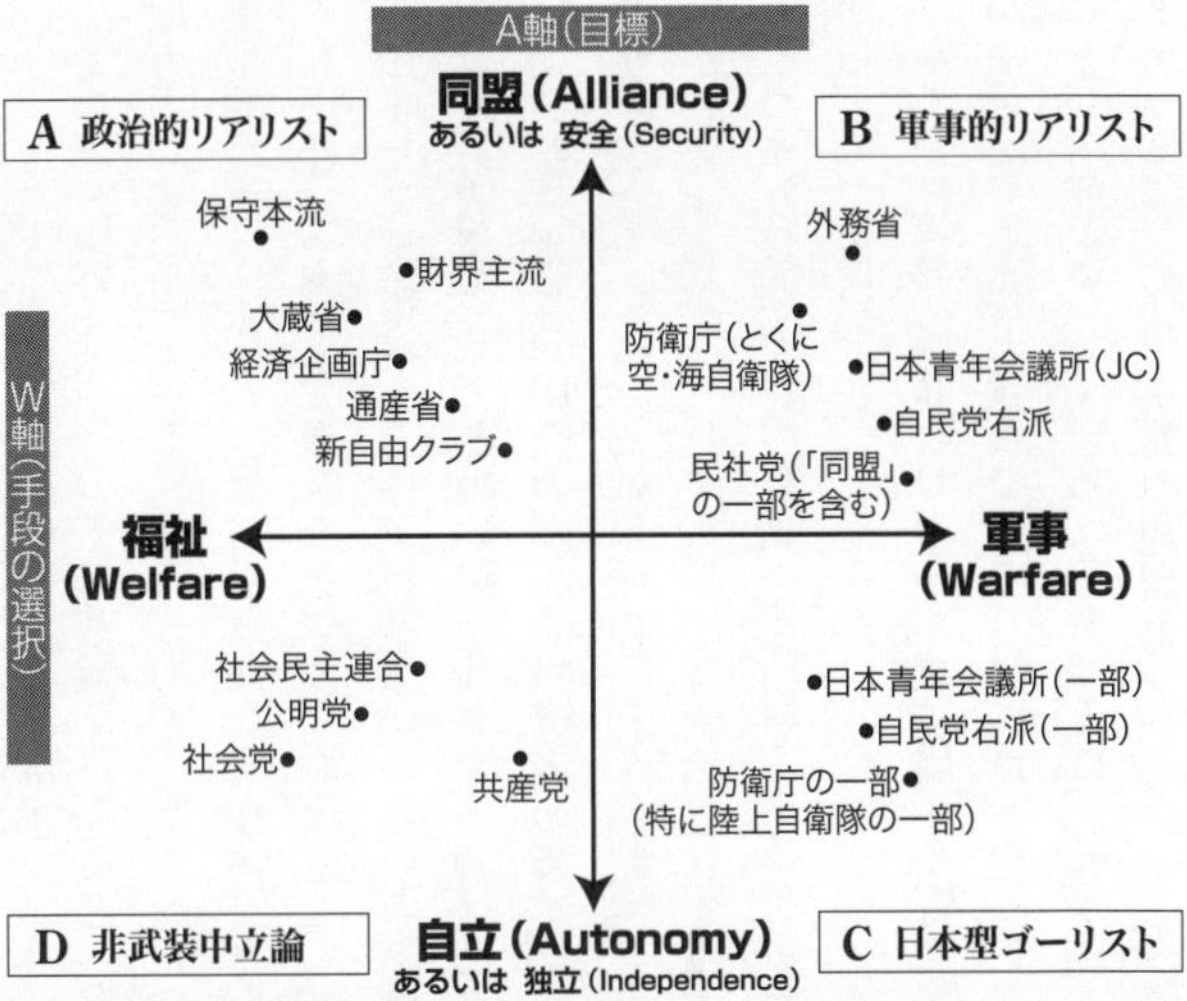

かしくなったであろう。

その証拠に、造船重機労連（組合員約一八万人）などの構造不況業種で軍需産業依存性のつよい「同盟」を基盤とする近年の民社党が、保守本流の自民党主流派よりも、はるかに軍事的リアリスト路線（その一部には自主防衛のゴーリストをふくむ）にちかく、とくに三菱重工労組出身の民社党議員の発言にもみられるように、武器輸出にさえ、きわめて積極的な態度を公然と表明するものが多い。また平均年齢三四歳、年収四五〇万の中小企業経営者、地方名望家、若手実業家のあつまりである日本青年会議所（JC）もまた、そうである。わが国産業の軍事化や国防意識、ナショナリズム推進の点で、この二つのグループは、自民党右派とかわらない右傾化の担い手となっている。

また、公明党は、その支持基盤からみると、農村から都市へ流入した低所得層、低学歴、地方中間層の中小企業経営者、あるいは水商売や都市生活の疎外者からなるという点で、典型的なファシズムの担い手となる潜在体質をもつとみなされがちであるが、いまのところ、民社党や青年会議所ほど、公式の政策でみるかぎり、右傾化の政策転換はみられない。その主たる理由は、その支持基盤がひろい各階層の典型的な庶民であり、戦争のもっとも大きな被害者として敗戦体験を共有する素朴な平和・反戦感情に根をおろしているからではないか。また公明党の理論的指導者の多くは、雑誌『潮』の寄稿者をみても、いわゆる現実主義より、むしろ進歩派の平和・反戦主義者、理想主義者のほうが多い。前掲の座標軸がしめすとおり、Dグループに依然として属する人びとの思想的影響下にあるからである。つまり目標の点で自立（非同盟＝中立）、手段の点で「福祉」優先の路線をとっているからとみてよい。

かくて社会党はじめDグループに属する野党諸勢力が、政権につく機会がほとんどないがゆえに、平和主義者のもつ〝明快さ〟をうしなわず、傍観者、評論家の地位に安住することが可能となっている。それゆえに、わが国の大新聞および進歩派の大学教授とともに、タテマエ論と理想主義の純潔をうしなわず、「傍観者の権威」（伊藤整）を行使しつづけることができる。じつは、こんにちの大衆民主政治下で、いわゆる「拒否権行使集団」ほど、強力な力を行使できるものはいない。

その意味からいっても、私は、石橋・社会党路線に危険なものを感じる。さる（一九八四年）三月九日昼、東京・有楽町の外国人記者クラブで石橋〔政嗣〕委員長は、ニュー社会党の現実路線について講演をおこなったが、将来、自民党が保守系無所属をくわえても過半数に達しないときに分裂し、連合の時代にはいる、という見通しをのべ、自民党の一部をふくめて連立と、社会党の政権担当の可能性をほのめかしている。その文脈で、石橋委員長の、自衛隊「違憲・合法」論の詭弁《きべん》ができてきたと考えるとき、拒否権行使集団として、国民の一部の不満を代弁し、正論にたつ提言をおこなってきた社会党のもつ本来の抑制力はかえって減退していくのではないかと、あやぶまれる。

かりに社会党の主導権による野党連合の時代がきたとすると、タカ派連合はもっとも強力な拒否権行使集団と化し、保守本流は分裂、わが国政界は真の危機をむかえよう。カーター政権下で野党側にまわったタカ派連合がむしろ強力な圧力集団としてその勢力をつちかい、レーガンへの政権移動を準備したのとおなじである。むしろ社会党がいま本腰をいれてとりくむべきことは、農産物の市場開放、経済の国際化にむけて保守本流を側面からたすけ、自民党右派をはじめとするタカ派連合による対米軍事協力路線を封じこめる野党連合をくむことであろう。

戦後日本の正教ともいうべき吉田ドクトリンは、一九五二年の吉田＝ダレス会談の交渉によって確立され、池田＝ロバートソン会談でその威力をいかんなく発揮した。それは核時代における国家のもつ基本的なディレンマを反映して、さまざまな政策要求と優先順位をもつ諸集団の交叉《こうさ》圧力（前章参照）から生じる選択のマージンをたくみに利用した妥協の産物であったからである。また吉田＝ダレス会談の交渉中、いわば「弱者の恐喝」の戦術をつかって日本の防衛力増強の圧力をミニマムに抑えることに成功したが、それはたんに冷戦の開始による米ソ対立の機会を最大限に利用したというだけではない。その弱者の恐喝が有効な政治的武器として効果を発揮しえた背後には、日本社会党はじめ左翼勢力、反戦＝平和主義諸勢力と国民感情のバック・アップがあったからである。さらに、吉田の俊敏な戦略は、再軍備をもとめるアメリカ側のつよい要求と、共産主義の脅威より日本の再軍備と経済膨張をおそれるイギリス、それにオーストラリア、ニュージーランドなど旧英領植民地諸国や東南アジア諸国との対立をたくみに利用し、両者の交叉圧力からうまれる選択の自由を十分よく活用したことにある。

しかし、この保守本流の吉田路線が直面した最大の危機は、朝鮮戦争で生じた特需景気を永続化させたいとねがう財界一部の思惑と、日本を「アジアの兵器廠」たらしめようとするアメリカ政府との願望とが合体して、日本に兵器産業振興の気運がもりあがったときであった。

戦後ヨーロッパでは、イギリスとスウェーデンの兵器産業のみが戦禍のなかに生き残ったが、その他の国々の軍需産業は、朝鮮戦争後、五〇年代における合衆国の援助で再建の道をあゆんだ。フランスは六〇年代初期には航空機（機体）産業にかんするかぎりイギリスに匹敵する段階に達した。西独は一九五五年以降の本格的再軍備とともに、戦車、重砲、海上艦艇の生産で国際競争力をつけ、NATO加盟諸国のみという限定つきであるが、武器輸出にものりだした。現在、世界で第六位の武器輸出国となっている。イタリアも、七〇年代までにヘリコプター、練習機および地上攻撃型戦闘機の開発で国際的水準に達するまでになった。

かくて西ヨーロッパ諸国は、朝鮮戦争を契機にアメリカの強力な支援のもと、自前の軍産複合体を増殖させ、七〇年代のポスト・ベトナム（デタント期）における合衆国の兵器調達費の激減の間隙をついて、第三世界への武器輸出の機会をつかみ、アメリカと競争関係にはいるほどの強力な兵器産業を成長させた。その結果、兵器生産者、武器輸出業者、農産物生産者、第三世界に多くの権益をもつ各種の多国籍企業、とくにアラブ諸国に緊密なコネクションをもつ石油業者、EC官僚など、ひろく「ヨーロッパ主義者」や「ゴーリスト」の名でよばれる政治勢力が台頭した。この反米的なヨーロッパ主義者の立場は、アメリカの対外政策決定者の基本政策——たとえば親イスラエル路線——に反するばかりでなく、アメリカの巨大な防衛産業をふくむ国際的産業界の利益とまっこうから対立するようになっていった。アンドレ・フォンテーヌが、「ル・モンド」で、米欧関係の現状について論評を加えたさい、「NATOのあつれき」の根源には、アメリカのユニラテラリズム（一方的な米国の国益中心主義のこと）があることを指摘し、これを「カリフォルニア・ゴーリズム」の語でよんだことがある。米欧関係の不和は、まさしく、ヨーロッパ・ゴーリズムと、カリフォルニア・ゴーリズム間のあつれきにあるとみなすこともできよう。この米欧関係の不和に比較したら、日米関係は、レーガン大統領のいうように、「離れがたい夫婦間のけんか」のようなものである。日米関係のあつれきがその程度ですんでいる歴史的な背景をたどれば、朝鮮戦争当時の、わが国の対応にあったといってもさしつかえない。

朝鮮戦争勃発後、一九五一年、「相互援助協定」（MSA）の支援で日本自前の兵器産業を建設しようという気運がもりあがった。これは、ヨーロッパ諸国の動きにたいして、「バスに乗りおくれるな」という財界一部の兵器産業振興熱が生じたこともあるが、なによりも、「当時財界にとっては、自衛隊の将来の規模をどうするかより、むしろ先細りになっていく朝鮮特需にかわる新特需をアメリカはいったいどう考えてくれるかにいちばん関心があった」（経団連・兵器生産委員会・千賀鉄也氏の証言）という点に求められよう。

朝鮮特需で経済復興の足がかりをみつけた日本は、朝鮮戦争の休戦とともに、特需が減少傾向をみせれば、たちまち失速する危険があった。その特需にかわる経済的〝覚醒剤〟としてのMSAの誘惑はきわめて強烈であったといっていい。ここに、経団連内部に、防衛生産委員会が、通産省の援助のもとに発足し、ヨーロッパ諸国とならんで、日本の兵器産業を建設する熱狂的な動きが生まれた。

アメリカ政府側もまた、将来、日本に「アジアの兵器廠」の役割を担わせようと考えていたが、そのときアメリカの念頭にあったのは、朝鮮戦争よりも、むしろインドシナ戦争に対する軍事援助に日本の軍事生産力をできるだけ活用し、一種の兵站《へいたん》基地としようという願望であった。

だが、日銀や大蔵省など、金融筋は、この財界一部の動きにあまり乗り気ではなかった。当時、法王といわれた一万田尚登・日銀総裁が「朝鮮動乱がなくなれば、これはすぐまたぐあいが悪くなるんですからね。非常に不安定な上に立っているんですから、これをもとにして拡大政策をとるということは、日本銀行としてはとうてい許容できない」（「現代史を作る人々」毎日新聞）とのべているように、わが国、金融界の眼には、兵器市場がきわめて不安定で、可能性のない「水モノ」と映じた。つまり、長期の兵器生産投資のもつリスクをおそれていたからである。

吉田首相の側近ナンバーワン池田勇人氏（当時、自由党政調会長、のち首相）の片腕として活躍した宮沢喜一氏（当時、参院議員）は、MSA援助の甘い誘惑に抵抗した吉田首相の考え方をつぎのように説明している。――「吉田首相の考え方は、国民経済に過重な負担をかけない範囲内で、防衛力を漸増するというのであるから、米国から贈与の形で新鋭武器をうけいれることは一見賢明のようではあるが、しかし他方で、受け入れる武器の種類によっては、人間のほうがそれにひっぱられてしまって、その結果、はじめ予想していなかった程度まで大きな軍組織ができあがってしまう危険が十分あるし、またもらうときにはただでも修理に非常な金がかかる。それが一、二年のうちに莫大な財政負担になるという恐れもあった」と述べ、さらに語をついで、このMSAが軍事義務を負うことで憲法問題にふれる可能性に言及している。とくに宮沢氏が強調したのは、このMSAの援助計画は、不可避的に、長期の防衛計画をうみ、「時として過大になる危険がともなうので、その点も十分に警戒しなければならない」という点であった。後述するように、兵器生産のもつ、いわゆる「フォロー・オン」システムに内在する危険性を明確に洞察していたことは、さすがというほかない（『東京―ワシントンの密談』一九五六年、実業之日本社）。

他方、通産省は、輸出主導型の産業の主たる推進者として、経団連の兵器生産委員会を支援し、防衛産業育成に意欲的であった。どこの国でも主要兵器調達は、民間産業と軍事機関とをむすぶ輪の中心である。このため主要軍事ハードウェア生産・調達の決定権をだれが握るかは、いかなる軍産複合体にとっても、平時における最大の関心事とならざるをえない。通産省は、戦前の軍部独走の根源もそこにあったという反省から、文民支配の原則をつらぬくためにも兵器生産・調達の決定権を一手に掌握しようと考えていた。

それでまず一九五二年に、航空機生産にたいする運輸省との権限争いに勝利をおさめ、さらに防衛庁に兵器生産の権限をわたさないため、すばやい動きをみせて、防衛当局の動きを封じてしまった。だが、通産省が兵器生産・調達の権限独占にあまりにも野心的となったため、防衛当局の協力をうしなったことは、兵器産業育成の目的にとってはまずかった。防衛産業育成の主要な理由づけをあたえうるものがあるとすれば、冷戦という前提にたった防衛当局の「軍事的合理性」の論拠のみであったからである。したがって、防衛庁との協力をうしなって孤立した通産省は、予算編成権をもつ強力な大蔵省を相手として、いずれやぶれる運命にあったといっていい。

その当時、大蔵省は、シャウプ勧告にもとづくドッジ・ラインの強行で戦後の悪性インフレ収束に成功をおさめ、古典派経済学説にもとづく均衡財政重視に徹していた。大蔵省は、マクロ経済の見方でも、ケインズ的アプローチにほとんど同情をしめさず、アメリカと異なって、経済刺激のため赤字予算を利用すること、つまり、経済の疑似ケインズ的安全装置として防衛支出が無制限に有効だという軍事ケインズ主義の神話を信じなかった。この大蔵省の態度は、通産省の、よりケインズ的アプローチと、よい対照をなしていた。むしろ、共和党のアイゼンハワー政府のとる態度と共通性をもっていたといえよう。

むろん、通産省といえども、そのころ、わが国の防衛産業育成を考えたのは、外貨の獲得こそ急務であり、そのためには軍事技術の導入、先端技術の波及効果による国際競争力のある技術を身につけ、貿易の振興をはかることが先決であると考えたからにほかならない。だからこそ、六〇年代において、通産省は、経済企画庁とともに、軍事ケインズ主義の方向を拒否し、急速な産業転換と生産過程の内部合理化の方向を強力におしすすめ、七〇年代二回におよぶ石油危機をのりこえる健全な産業基盤をつくりあげるのに成功した。その意味で、通産省もまた、吉田ドクトリンの忠実な生徒であったといっていい。

こんにちの通産省は、天谷直弘氏の「町人国家論」に代表されるように、「ソープ・ナショナリズム」を排して、国際協力にたつあらたな経済発展の路線をめざしている。また経済企画庁の見解は、元長官の大来佐武郎氏をはじめ、宮崎勇氏（元次官）の諸著作（たとえば『日本経済　いまひとたびの離陸』一九八三年）、あるいは日経センターの金森久雄氏の見解に代表されるように、軍事ケインズ主義を排し、住宅・社会資本の充実、情報産業、市場開放、海外投資、経済協力の積極的な方向をめざす内需拡大策を提示している。大蔵省、経済企画庁、通産省など強力な経済官庁がうって一丸となり、吉田路線の正統をうけつぐ、大平―鈴木―宮沢の保守本流をまもりぬくかぎり、吉田ドクトリンは永遠である。現中曽根内閣の庇護のもとに、外務省、防衛庁、自民党右派のタカ派連合（軍事的リアリストとゴーリストの混成旅団）がいかに蠢動《しゅんどう》しようとも、朝鮮戦争後のMSAの甘い誘惑を瀬戸際でしりぞけた日本人の英知が、敗戦体験の風化とともにうしなわれていかないかぎり、いま、日米軍事協力という名で訪れる第二の危機にたいしても、しぶとい抵抗をしめすものと、私は信じてうたがわない。

バロック兵器廠への道

いま朝鮮戦争の特需いらい、第二の危機をむかえている。中曽根内閣が、日本の軍事技術の対米移転の道をひらき、これまでの軍事技術供与の「一方通行」をやめ、「相互通行」にきりかえた。アメリカの政策担当者は、両国が先端技術に投入する研究開発費の重複をさけるため、日米技術協力の名のもとにその実施をせまってきた。だが、通産省は、朝鮮戦争当時とはことなって、外務省と防衛庁の立場に同調するのをしぶった。その背景には、この「相互通行」で、先端技術の分野における日米間の競争で、先手をうとうとするアメリカ側の意図がかくされているばかりでなく、西ヨーロッパの例でも明白であるように、この「相互通行」技術協力路線は、一歩あやまると、飛躍的な日本の軍需生産システムの拡大、ひいては、武器輸出への道をひらく危険性がひそんでいるからである。アメリカ政府は、すでにカーター政権後期に、NATO同盟諸国とのあいだに軍事技術の交流について、「一方通行」をやめ、「相互通行」にきりかえた。むろん、日本が軍事テクノロジーにさく研究開発費（R&D）といっても、アメリカのわずか一パーセント前後にすぎず、アメリカ政府は、日本の軍事技術に、いささかの期待も、もってはいない。アメリカ側の関心は、民間の先端技術面での、日本のすぐれた技術能力である。つまり、軍民双方に利用可能な汎用途の先端技術（半導体、光ファイバー、セラミックス、各種の電子工学・通信機械など）に関心をよせているにすぎない。

一九七九年に日米両国間に、技術交流の計画が徐々にはじまり、八〇年には日米のシステム・技術フォーラムという非公式の実務レベルのタスク・フォースが設立された。この技術協力問題は、八一年六月、ワインバーガー＝大村会談において、「相互主義」にもとづく「相互通行」についてワインバーガー新国防長官からのつよい圧力を契機に一挙に政治問題化した。つまり、日本が、軍事技術の「一方通行」によって、戦後アメリカが膨大な研究開発費の投入によって開発した技術ノウハウの果実のみを一方的に享楽しながら、アメリカ側に、日本の民間技術の供与をこばみつづけるならば、武器のライセンス生産認可についても米国側は再考慮せざるをえないむねの政治圧力をくわえた。

このワインバーガー＝大村会談を契機に、国内での各党の論議とともに、外務、通産、防衛の各省庁間に軍事技術移転の問題があらたな論議の焦点となった。この問題でも、論議の中心は武器輸出三原則と、日米軍事協力とのディレンマであった。自民党右派とともに軍事的リアリスト連合姿勢をつよめていた外務省と防衛庁は、八一年後半、アメリカの要求にこたえる方向で国内の各省庁および諸政派に、その調整と折衝を重ねた。このタカ派連合が、憲法や武器輸出三原則などの国内制約よりも、日米安保条約および二国間相互防衛援助協定を優先させるべきという立場をとって、日本の国内産業の利益を優先的に考える通産省と対立した。通産省は、アメリカがその圧倒的な優位にたつ軍事技術の領域で、「相互主義」にもとづく「相互通行」を日本側におしつけてくる意図のなかに、先端技術の分野で、一部、アメリカを凌駕《りょうが》するまでに成長した先端技術の競争において、先手をうつアメリカ側の意図がかくされているのではないかと危惧したからである。

戦後アメリカは、日本のとった路線と対蹠《たいせき》的に、国防総省を介して膨大な研究開発費を軍事技術面に投入してきた。この「冷戦への投資」を無駄にせず、平時において、その軍事力を対外交渉力や政治的影響力に翻訳する各種の手段、戦略、方法をさぐってきた。ことに、アメリカの力が相対的に凋落《ちょうらく》するにつれて、その弱みを補完するあらたな戦略をつくりだす必要があったからである。アメリカの力の凋落は、すべての領域において、均等に生じたわけではない。農業生産をはじめ軍事テクノロジー、先端技術その他で、まだ圧倒的に優位にたつ領域をもっている。なかんずく、軍事技術の領域がそれである。この比較優位にある軍事技術をほかの比較劣位にある分野とリンクさせ、その弱みを補完しようとする「リンケージ」と「相互主義」が、アメリカの新戦略の中心概念となってきたのは当然である。

したがって、日本側が「相互通行」の原則にしたがって、開発した虎の子の先端技術をアメリカ側に供与しないかぎり、軍事技術の供与やそのライセンス生産認可をとり消すという「相互主義」は、通産省の疑惑と不安があながち杞憂ではないことをものがたっている。

カーター政権後期、NATOに対して、アメリカ政府が、「相互通行」の軍事技術交流の道をひらいた背景にはつぎの事情がひそむ。つまり、合衆国、西欧諸国双方とも、兵器産業が極度に複雑化し、いわゆる「バロック・テクノロジー」化してくるにつれて、その研究開発費が膨大となり、トランスナショナルな協力によって、生産、市場双方において共通の利益をさぐらざるをえなくなってきたからである。

ところが、この軍事技術の相互協力は、かえって、こんにちの安全保障問題におけるディレンマ——つまり、アメリカとの「同盟」を優先させて安全をはかるか、それとも、アメリカから離脱して、「自立」の方向を模索するかの、きびしい選択を強いることになった。すなわち、西ヨーロッパでは、合衆国をいわば総司令部として、その統率のもとに、西ヨーロッパ諸国が統合され、対ソ戦略の統一化、兵器の規格化、同質化をはかるか、それとも、合衆国の統率をはなれて、西ヨーロッパ独自の独立核戦力の確立とともに、統一ヨーロッパの方向で戦略、兵力態勢、兵器の規格化、統合をはかって「自立」の道をあゆむかという問題が押しだされざるをえない。

前者の道をとれば、合衆国が圧倒的に優位にたつ軍事技術力のまえには、相互主義の「相互通行」では西ヨーロッパ諸国が歯がたたないことは、はっきりしている。その方向をとるかぎり、軍事技術の交流は、事実上、一方的とならざるをえない。「世紀の兵器取引き」といわれた、F—16戦闘機の購入問題のように、西ヨーロッパ側の無条件降伏におわる結果になる。ベルギー、デンマーク、オランダ、ノルウェイは、日本のロッキード事件をおもわせるような米国側の政治圧力と政治腐敗の犠牲をはらって、F—16戦闘機を購入せざるをえなかった。わが国でもＩＢＭスパイ事件が、日立の無条件降伏で結着がついたように、前者（「同盟」関係優先）の立場にたつかぎり、軍事技術の「相互交流」は、けっきょく「バイ・アメリカン」の別名にほかならない。

この力の現実からとうぜん予想されることは、日米間の「相互通行」の技術交流も、かえって日本側のナショナリズムを刺激し、西ヨーロッパとおなじく自立と独立を求める方向——つまりゴーリスト路線を挑発する結果におわる懸念があることである。

イギリスの『エコノミスト』（「昇る太陽」、一九七八年七月二十九日号）や、アメリカの『ビジネス・ウィーク』（特別リポート「再軍備する日本」、一九八三年三月十四日号）などの欧米のジャーナリズムが、日本の再軍備と武器生産に露骨な警戒心をしめしていたように、日米軍事協力が日本の防衛産業を飛躍的に拡大させ、第三世界を市場とする武器輸出国として、もっとも、おそるべき競争相手国となるおそれが生じるであろう。

要するに、ワシントンの眼には、日本がアメリカの巨大な兵器市場として、兵器や技術情報の輸入国にとどまっているかぎり、その再軍備の方向（軍事支出の飛躍的増加）は大歓迎だが、ひとたび、日本が「自立」と武器輸出国をめざして米欧の武器産業の強力なライバルとしてたちあらわれることには大反対なのである。しかし、とうぜんのことながら再軍備の進行と、自立化への道は、並行してすすむ。ここでも、あらゆる技術移転にともなら「逆流効果」は、おそらく軍事技術の領域で、もっともリスクの多い、逆効果になるにちがいない。

武器輸出は経済の麻薬

さらに、この日本産業の軍事化と武器輸出への道は、わが国の経済にとっても、おそるべき麻薬汚染の危機をもたらすであろう。

さきに引用した宮沢喜一氏の言にもよく示唆されていたように、われわれ日本人には、苦痛なしには想起することのできない過去の苦い経験がある。普仏戦争後のドイツ、日露戦争後の日本、第二次世界大戦後のアメリカ、すべてに共通していえることだが、ひとたび戦勝国となると、いかなる国にも、なんぴとの批判をゆるさない「聖域」としての軍部勢力が国内に確立される。やがてそれは、ガン細胞のような速度で増殖し、死にいたるまでやまない。

いまでは心ある多くのアメリカ人が知っているように、ひとたび軍産複合体が確立されると、軍需契約業者、下請業者、軍事関係の職業官僚、軍事戦略の専門家、軍事評論家、軍事テクノロジーの技術者、そのPR費用に寄生する右翼ジャーナリズムなど、さまざまの既得権益ができあがる。かれらの収入、出世の機会、天下りの就職先、研究費、これらはすべて高水準の軍事支出に依存している。

だが、朝鮮戦争当時の特需ブームのとき、わが国の金融界、財界人が本能的に警戒したように、軍事産業にとっての最大のリスクは、兵器市場のもつ本来的な不安定性からくる。さらに、兵器の有効年数は、その物理的生存年数よりも、はるかに短い。たえざる技術革新の時代には、それは不可避ともいえる「兵器の陳腐化」をともなう。そのため、ひとたび軍産複合体が確立されると、その組織自体の要求にしたがって、よりよい、より多くの兵器を設計し、開発し、生産するための能力をたえず維持することが必要不可欠となる。

これが「フォロー・オン・システムの制度化」といわれるものである。ひとつの兵器体系が完成されると、すぐまた別の兵器体系を構想しなければならない。このことのため、兵器体系の設計は、一方で、未来予測にもとづく長期計画を必要とする（いわゆるデルファイ法はじめ未来予測のテクニックは、ランド研究所など、多くのシンク・タンクで開発された軍事計画からはじまった）。それはとうぜん、仮想敵の現有兵力ではなく、将来、仮想敵がそのもてる産業技術能力をフルに発揮したならば、おそらく、かくかくの兵器体系を開発するであろうという想定にたって予測がなされる。この想定は、その性格上、おのずと主観的なものとならざるをえない。

レーガン大統領ならずとも、「邪悪の帝国」クレムリンの世界支配の陰謀といった、スター・ウォーズ風の劇画的イマジネーションが必要とされるゆえんである。

このフォロー・オン・システムこそが、いわゆる軍事的リアリストの好む「最悪事態シナリオ」を必要とする構造的な理由である。

さらに、このフォロー・オン・システムにくわえて、「計画された陳腐化」ともいうべきものが制度化される。これはすでにフォード、GM、クライスラーなどの自動車産業で体系化されてきたものである。車の内容は実質的になんら変化がないのに、スタイルとか飾りつけ（キャデラックのテール・フィンなど）に限界的な改良をくわえる方向に涙ぐましい技術的改善の努力がかさねられる。この技術革新は、生産過程の内部合理化（前述のエックス効率の極大化による生産費削減）ではなく、「計画された陳腐化」による製品の限界的改良と生産費上昇にあるという意味で、「生産物イノベーション」とよび、前者の「生産過程イノベーション」と区別される。無駄な費用をかけ、スタイルを変えることに腐心する段階は、技術的停滞と頽廃《たいはい》の兆候である。この爛熟期に達したテクノロジーのことを、メアリー・カルドア女史は「バロック・テクノロジー」とよんでいる。

イギリスの第一次産業革命からはじまった製造業生産は、デトロイトを中心とした自動車、航空機、製鋼、造船など、第二次世界大戦の戦時生産でピークに達した。この製品の規格化、大量生産方式（いわゆるテーラー・システム）は、現在、完全な行きづまりにおちいっている。ある若手のアメリカの社会学者が「フォード主義」の語でよぶ生産方式が、その歴史的使命をおわり、爛熟期をむかえたわけである。この爛熟段階の産業の典型が兵器産業にほかならない。その意味で、メアリー・カルドア女史は、現代の戦車、ミサイル、航空機、空母、原子力潜水艦など、軍事ハードウェア産業のことを、「バロック兵器廠」とよんでいる。じじつ、兵器の実戦能力とはほとんど無関係に、限界的改善をかさねる結果、生産費《コスト》のみ嵩《かさ》み、第二次大戦当時と比較して爆撃機の価格で約二〇〇倍、戦闘機で一〇〇倍、空母で二〇倍、戦車で一五倍という生産費《コスト》高になっている。いま、米陸軍、M—60戦車にかわる新型のM—I戦車開発に一九〇億ドルの予算が計上されているが、かつてのM—60戦車に比較して、この新型戦車があまりに複雑すぎて故障が多く、その修理、維持費が、M—60戦車にくらべて、六倍もかかり、実戦上の性能はかえって低下していると指摘されている（「ニューヨーク・タイムズ」一九八二年十月二十二日）。

さらにわるいことに、兵器産業は、本質的に、自由市場経済になじまない。それは、生産費《コスト》節約ではなく、生産費《コスト》プラスの発注契約であるうえ、労使一体となっての水増し雇用のために、調達者たる国防総省が、ただでさえおくれた民間企業を相手に、現場の機械メーカー、優秀なエンジニア、その他、民間経済が必要としている技術的に腕のすぐれた熟練工をうばう競争相手になる。さらに七〇年代後半からとくにめだつ傾向となったように、軍事支出の増大にともなってインフレが昂進し、金利の上昇につれて、米国経済のダイナミックな活力の源泉であった中小企業部門や、先端技術開発のベンチュア産業部門が、どの部門よりも先に、投資資本の不足になやむことになる。熟練労働者や稀少金属の不足、さらに民間の貯蓄率低下によって、投資資本の不足は、さらにひどいものとなった。

たとえば、一九八一年段階で兵器の政府調達のおおよそ五分の四が非競争的な寡占によるもので、安全保障とか、国防、愛国の名のもとに、生産費《コスト》プラス受注による浪費、濫費がいかにひどい段階に達しているかは、想像を絶するものがある。この生産費《コスト》プラスによる国防受注は、産業界に本質的な腐敗をもちこむ。このばあいの腐敗というのは、政治的汚職の意味ではない。長期的視野にたって企業が生き残っていくのに不可欠な、合理化、能率、技術革新、長期の設備投資、業務上の規律、健全な社風や士気、つまり、従業員のやる気をうばうという意味での本質的な腐蝕効果（前述のエックス非効率）を生じることである。

それにくわえて兵器産業は、不可避的に国際市場、とくに第三世界の市場をめざして「死の商人」の武器輸出にのりだすつよい誘惑がうまれる。西側世界でも、西独は、世界第六位の武器輸出国ではあるが、武器輸出については、日本についできびしい制限（NA

TO加盟国にたいする輸出のみで、第三世界への武器輸出は禁止されている)を課している。この西独でも、石油危機以後、アラブ諸国にたいする武器輸出の誘惑にたいして、その態度が動揺しはじめてきた。一九八一年春、シュミット首相が、サウジアラビアを訪れたさい、レオパルド戦車三〇〇輌の大型受注にかなり動揺したが、シュミット首相自身の社会民主党内部からの反対で、ここ当分、アラブ向けの武器輸出はあきらめたといういきさつがある。

わが国でも、石油危機以降、すでに一九七六年、三菱重工相談役の河野文彦氏が、これまでの武器輸出禁止原則も再考慮すべきときがきたといい、「アラブが日本にとって死活にかかわる石油を政治的手段に使うのを目のあたりにしたとき、従来の考えを変えざるを得なくなった。日本には残念ながら兵器以外に有力な交渉手段となり得るものはない。私は武器輸出をタブー視する政界などの態度を、早急に改めてもらいたいと思っている」(「朝日新聞」一九七六年二月五日)と率直な意見をのべた。この「背に腹はかえられない」とか、「日本がやらなくとも、ほかのどこかがやる」という論理は、第三世界にたいする武器輸出国政府が臆面もなく主張する口ぐせになっている。だが、造船など構造不況業種を多くかかえる同盟とか、三菱重工労組とか、「国益」より「社益」を優先させる産業部門だけではなく、一九八〇年三月中旬に日本商工会議所の総会で、永野重雄会頭が「資源をもたない日本の生きる道は、……国際的な需要に応じる製品の輸出にかかっている」と武器輸出をほのめかす発言をおこなったことは由々しいことである。

だが総体として日本の財界をみるとき、日本経済が軍事化の方向にすすんでいると判断することは、いささか早計であろう。冷静な経済合理主義の立場にたつとき、兵器産業がさして儲かる商売でもなく、まさしく、バロック兵器廠への道であり、死にいたる病であることを誰よりもよく識《し》っているのが日本の財界人であろう。八〇年四月八日の記者会見で、財界の最高指導者である経団連の土光会長は、財界一部にみられる、いさましいタカ派発言を批判して、「国防論議より行革によるインフレ抑制に本気にとりくむべきだ」と説き、武器輸出についても、「武器以外にも輸出するものはたくさんある。武器を輸出したからといって、石油が確保できる保証はない。自動車を輸出しても外国から非難される情勢だ。武器を輸出したらどうなるか」と反論した。わが財界主流の見識をしめすにたる発言であったといっていいであろう。

それぞれの時代には、その世代特有の「盲点」がある。「赤道のかなた罪業なし」という語がしめすように、十五、六世紀、アフリカ、南米、アジアでおこなった西欧キリスト教徒の、かずかずの植民地征服の罪業、十八世紀中葉の奴隷売買、十九世紀中葉の劣悪な工場の児童労働など、それぞれの世代は、つねに見て見ぬふりをして、「背に腹はかえられない」とか、「自分がやらなくとも、ほかのだれかがやる」とかの口実で、後世のひとが文字どおり眼をそむけるような非道な行為を平然とかさねてきた。こんにち、第三世界にたいする、おそるべき武器輸出拡大の汚染について、後世の人はなんというだろうか。われわれ日本国民のみは、いかなることがあっても、バロック兵器廠の拡散に手をかしてはならない。

III ソ連の脅威――軍事バランスという共同幻想

なぜ米ソ両国政府は、相手の軍事力を過大評価しようとするのか。なぜ米空軍指導部は、シリア・イスラエル戦争でのシリア空軍の敗北を必死に弁護し、ソ連は自己の力を過大にみせるため、組織的な欺瞞作戦を展開したのか。チャーチル直伝の欺瞞作戦の真意とは？

軍事バランス論の怪

現代の戦略論には奇怪なことが多い。なかでも、世にも不思議な物語ともいうべきは、米ソ両国政府が、たがいに、相手のほうが強く、自分のほうが弱い、とわめきたてている図である。ワインバーガー米国防長官が四月十日、『ソ連の軍事力』報告書（一九八四年版）を発表し、ソ連のほうも、敗けじと「平和を脅かすもの」の宣伝でこれに反撥、米軍の脅威を強調している。プロレスやボクシングの仕合いだと、格闘するまえに、相手をけなし、胸を張って自分の力を誇示する。ところが、米ソ間では、その逆である。ソ連のSS—20の威力とか、ミグ—31の性能とか、アメリカの軍事専門家はソ連の威力を宣伝する。ソ連もそれに敗けじと、米軍の脅威を宣伝する。

考えてみれば、奇妙である。戦前われわれの小、中学生時代を考えても、『少年倶楽部』の樺島勝一画伯のえがく戦艦陸奥、長門の雄姿に胸をおどらせ、その一六インチ砲の威力についてのみならず、アメリカ海軍艦艇名をも諳《そら》んじる愛国少年がたくさんいた。かれらは、いかに日本の連合艦隊が世界無敵で精強であるかを再確認し、それに誇りを感じるために軍事情報ものを好んで読んだ。戦時中、大本営海軍報道部長の平出〔英夫〕大佐の大ボラ吹きも、こうした純朴な愛国少年たちの期待を裏切らないための涙ぐましい気配りのせいかと、いまにしておもいいたるほどである。つまり、戦前はどこの国でも、なるべく敵の力を過小評価し、味方の力を誇張、宣伝することで国民の士気をたかめ、愛国心をかきたててきた。

いまはその逆である。

一九八二年夏、シリアとイスラエル両軍の戦闘で、ソ連の供与する戦闘機、対空ミサイル、戦車の実力が白日のもとにさらけだされた。その数日間の戦闘で、イスラエルの空軍は、ソ連の供与したシリア軍のミグ戦闘機すくなくとも八五機をあっというまにたたきおとし、しかもその約半数は最新型のミグ—23型機であった。イスラエル空軍の損害はゼロ。さらにSAM—6対空ミサイル一九基は故障で作動せず、陸上戦闘でも一ダースにおよぶ最新型T—72型戦車をふくむソ連製、数百台の戦車がことごとくイスラエル軍によって撃破された（さらに、シリア軍敗戦の解釈についてはあとでふれる）。

しかも、ふるっているのは、アメリカ空軍当局の言明である。まるでクレムリンのまわしものではないかとおもわれるほど、ソ連の近代兵器の性能の弁護に懸命となっているのである。たとえば、戦術空軍司令官ウィルバー・L・クリーチ将軍は、「インテリジェンスの最新データによれば、ソ連は最近、四つの新型戦闘機を開発し、シリアで使用された戦闘機より数段、性能のすぐれた戦闘機開発に成功した。その数こそ少ないが、すでにう ち二種類の新型機が配備されている。いま議会が空軍予算を削れば、この最新鋭機に対抗することはきわめて難しくなるだろう」という、語るにおちるコメントをつけ加えている。

また米国防総省のだす宣伝パンフ『ソ連の軍事力』（一九八一年十月）では、「ソ連のT—64型戦車は、野戦用戦車で現在、最良の高い性能をもつ」と折紙をつけ、合衆国の海兵隊にくらべたら、その五分の一の規模もないソ連の海兵力についても、「米海兵隊に比較すれば小規模とはいえ、世界で第二位の強大な海兵力である」ともちあげている。いうまでもなくソ連の海兵力は世界第二位ではなく、第五位である。

両超大国が、マットのうえで、たがいに、「おれのほうが弱い、おまえのほうが強い」といい争っている構図はマンガ的でさえある。じつはこのことこそ、しばしば、わが国の平和論者も誤解していることだが、伝統的な「軍拡競争スパイラル」と質的にことなる点なのである。これまでの軍拡競争は、若干の時間のズレはあっても、一方の軍事ハードウェアの量、質の向上が、ただちに他方にはねかえって、その拡充をうながす。いわゆるリチャードソン・モデルで有名なイギリスの一数学者は、男女間の愛憎のエスカレーションからヒントをえて、軍拡競争スパイラルの数学モデル化に成功したが、そのモデルがそれほど現実と遊離せずにすんだのはそのせいである。

ところが、現代の軍拡競争は、戦略兵器という重大な分野を唯一の例外として、過去三〇年の冷戦史のしめすところ、直接の、因果関係は見あたらない。このことは前章で、封じ込め戦略について指摘したことであるが、せまい意味での軍事バランスについてもおなじことがいえる。

もし、かりに岡崎久彦氏はじめ軍事的リアリストが強調するように、東西間の軍事バランス維持こそ、相互抑止と戦争回避の王道であるならば、戦後、圧倒的な力の「明白な優位」をもっていたのは、合衆国および西側であるから、それに懸命に追いすがり、バランスをすこしでも回復しようと軍事力を増強してきたソ連こそ、世界平和と安定への最大の貢献者だという結論にならざるをえないであろう。

だが現代の軍事バランスは、そのような単純な性格をもつものではない。軍事生産のフォロー・オン・システムに内在する機構上の要請にしたがって、計画・設計・生産・配備が、一方的におこなわれる。たとえば、戦後二五年におよぶ過去の米ソ間の軍事バランスの歴史をふりかえると、一目瞭然となる。一九五〇年代はじめ、ソ連海軍は大量の建艦計画をたてたが、五〇年代半ばに一時大きくおちこむ。六〇年代はじめを別として、比較的コンスタントな建艦比率を保っている。おなじ時期、米海軍は、このソ連の建艦計画とは無関係に独自の動きをしめしている。むろんひとつには米海軍力の圧倒的な優位を背景に、ソ連海軍の動きなど歯牙にもかけなかったからであるが、ともかく、五〇年代はじめ、米海軍の建艦活動は急カーブでおちこみ、五〇年代後半からふたたび上向きに転じ、現在まで上ったり下ったりのジグザグ・コースをたどっている。両者の建艦競争には、「時間のおくれ」の問題を考慮にいれても、まったく直接の対応・因果関係がない。

航空機と戦車生産についてもおなじことがいえる。だが、戦略兵器にかんしては事情がちがう。たとえば、ソ連の各世代ごとに開発されたジェット戦闘機は、アメリカの戦略爆撃機に直接、対抗する目的で設計されてきた。ミグ—15は、B—29の迎撃戦闘機として、ミグ—17は、核搭載のB—36爆撃機を直接のターゲットにつくられた戦闘機である。ミグ

—19とミグ—21は、速度と高度の点で直接、B—47とB—52に対抗する目的で開発された。米空軍が、レーダー網をやぶってソ連の領土ふかく侵入するため、高度の点でより低空をとぶよう、B—52の改造にふみきると、ただちにソ連空軍も、より低空の迎撃戦闘機としてSU—15を開発した。この戦略兵器の事例をのぞいて、米ソ両軍とも、その研究開発をはじめるにあたって相手方の兵力にたいする直接の反応としておこなわれることは、ほとんどまれといっていい。

米海軍の仮想敵は英海軍だった

じじつ戦前においてすら、しばしば軍というものは、中長期の戦略環境の客観的な予測、分析から仮想敵を想定して、軍備計画がおこなわれるものではなかった。大方の読者は信じがたいと思うだろうが、一九二〇年代初期のイギリス空軍（RAF）の仮想敵はドイツではなくフランスであった。その軍の内部機構の要請から、飛行場を拡張しようとしたが、不幸にして、その当時、イギリス空軍の行動半径は、せいぜいフランスまでであったので、フランスを仮想敵としてイギリス本土の南海岸ぞいに飛行機および空軍基地を建設した。やがて、イギリス空軍がまったく予想していなかったことだが、一九四〇年にドイツがフランスを占領した。やがてバトル・オブ・ブリテンで、この南部の飛行場がどれほど役にたったかはかりしれない。怪我の功名とはこのことである。

米英の特殊な友好関係が昔からつづいていたなどと信じている人は仰天することと思うが、セオドア・ルーズベルト時代ころから、アメリカ海軍がその海上艦艇を飛躍的に増強しようとしたとき、その仮想敵は日本海軍ではなく、イギリス海軍であった。これらの歴史からみても、軍というものは、機構内部の要請と必要から軍備増強を計画し、その計画から逆算して当面の仮想敵が想定され、あとから、その正当化のため、戦略とか国際情勢の分析とかが、つくられるばあいが多いといったほうが真相にちかい。

この軍事機構に内在する傾向は、戦後の巨大な軍産複合体が両超大国の内部にビルト・インされたため、戦前とは質的にことなった危険性をおびることになった。元海軍大学のジョン・ルイス・ギャディス教授も指摘しているように、冷戦がかくもながく持続している、ふかい理由は、米ソ両国の軍産複合体のもつ機構の惰性をぬきにしては考えられない。

各時期における兵器生産の増加は、つねに「想定された計画」――未来図によって正当化されてきた。そして、その予算が議会を通過した事後に、ソ連の軍事支出、配備状況などをよくよく検討してみると、やや過大な見積りであったことがあきらかになった、という言いわけがつけ加わる。ケネディ政府出現前のミサイル・ギャップ論争しかり、七六年のCIA・チームB報告しかりである。たとえば、一九八一年十月の国防総省の『ソ連の軍事力』は、ソ連が年間、三〇〇〇台もの戦車を生産していると指摘していた。ところが、ソ連は一九七〇年代終りまでは、年間四五〇〇台の戦車を生産していたのである。この事実など、わざと省いている。つまり八〇年代にはいってから一五〇〇台も減産になっているのである。それどころか、議会に提出されたDIA（国防情報局）の報告でも年間、ソ連戦車三〇〇〇台とされているにもかかわらず、ソ連の脅威を説くタカ派団体「当面の危険委員会」は、「年間六〇〇〇台生産」と二倍に水増ししている。「アメリカはナンバー・ツーになったか？」という挑発的な表題をもつ、このパンフ内容は、このままいけば、合衆国は確実にナンバー・ツーに転落するという憂国の至情にあふれている。しかし、戦時中の平出大佐の大言壮語とは正反対であっても、この憂国と警世の至情にあふれた文書が、国防総省や情報機関の公式発表より、二倍も水ましするようでは、やがて、例の狼少年のはなしのように、だれも信じなくなるのではないか、とひとごとながら心配になる。

ワインバーガー国防長官が四月十日（一九八四年）、発表した『ソ連の軍事力』報告書（一九八四年版）については、わが国の各紙でくわしく報道されているので、その細部にふれる必要はないが、前二回とおなじく、うっかりすると、映画「スター・ウォーズ」のスチール写真かと見まごうほど、美しいイラストにみちている。「宇宙戦艦ヤマト」に涙を流すSF世代にはこたえられない内容を満載した一三六ページといっていい。

この八四年版・報告書で注目すべき特徴は、ソ連が米国のトマホークに似た長距離巡航ミサイルSSNX21、SSCX4、ASX15など五種類の新型ミサイルを開発している、という現状の分析にとどまらず、九〇年代前半に実用化される「一〇〇人乗りの大型有人宇宙ステーション」を建設、衛星攻撃の基地にする計画をはじめ、八〇年代末には中距離核ミサイルSS―20が五〇パーセント増加することや、第五世代の新型移動式大陸間弾道ミサイル（ICBM）SSX24、SSX25の実験をすすめ、戦略兵器の飛躍的増強をはかる可能性など、未来図をえがいて将来の危険を訴えていることである。

さらにこの報告書によると、年内にアジア配備のSS―20は一五三基となると予想され、「八〇年代後半までに五〇パーセント増」と、その推定値の多くは、アジア太平洋地域に配備される予測になっている。「ソ連は、最新型ミグ―27ブロッガーや新型戦闘爆撃機SU―24フェンサーを極東に配備して、極東空軍の近代化をつづけている」とのべ、現有兵力、一八〇〇機の極東配備機の九〇パーセント以上が第三世代の新鋭機で、中国と日本にたいして、展開されていることをあきらかにしている。

私は軍事専門家でないので、これにコメントする資格はまったくないが、ミグ―25の開発の歴史についてなら多少知っている。アメリカ軍とおなじように、ソ連側もいかにアメリカの軍事力を誇大視し、それを目標に軍事増強したかは、このミグ―25開発の歴史をふりかえってみてもその一端がうかがえる。

五〇年代後半、米空軍は、音速の二倍以上で、七万フィートの高度からソ連本土を爆撃可能な新型の戦略爆撃機の開発プランを発表した。このB―70という新鋭機は、テストに失敗して、アイゼンハワー政権末期に生産中止となった。ところが、ソ連の軍産複合体も、この幻のB―70を迎撃するミグ戦闘機開発にふみきった。ミグ戦闘機の設計・開発事業所(ミコヤン・グレヴィッチ設計事務所)は、高価につく新型・最新鋭戦闘機の開発に意欲をもやし、それを正当づける口実として、この幻の戦略爆撃機B―70をおおいに利用した。それが生産中止になっても、ミグ―25の開発計画はむろん中止にはならなかった。

このミグ―25(暗号名・フォックスバット)は、ながらく秘密のベールにつつまれていた。「こんにちの世界で最優秀の迎撃戦闘機」と、ロバート・C・シーマンズ空軍長官が折紙をつけ、ジェームズ・R・シュレジンジャー国防長官にいたっては、「わが方も、これまでの戦略的な技術バランスにかんするアプローチを全面的に再検討する必要がある」と、大ゲサなことをいっていた。この幻のミグ―25戦闘機を口実に、合衆国政府は、F―15戦闘機開発予算を議会で無事通過させた。

こんにち、世界の人はだれでもミグ―25の正体を知っている。いうまでもなく、一九七六年九月、函館空港にとびこんできたソ連防空軍のヴィクター・I・ベレンコ中尉の亡命事件で、ミグ—25の正体が白日のもとにさらされたからである。ミグ—25は、米国専門家の手で徹底的に分解、調べつくされた結果、その行動半径は、推定値の三分の一にすぎず、公称速度はマッハ三・三であったが、ベレンコ中尉の告白によれば、ミグ—25のパイロットは、タービン過熱、熔解の生じるおそれで、とてもマッハ二・五以上の速度をだせないということであった。機体や部品も、軽量チタンのかわりに鋼鉄が使われ、トランジスタ、半導体、集積回路、小型化と軽量化などで、アメリカとの技術格差が、いちじるしいことが判明した。だが、これを綿密に検討した専門家の一人が、「こんな重く、お粗末な機体で、ともかく米戦略爆撃機に追いつき、攻撃するというミニマムな目標だけはかろうじて達成しているから立派なものだ」と、皮肉とも称賛ともつかないコメントをつけ加えている。ものはいいようである。

だが、このベレンコ中尉の亡命事件は、ソ連軍のハードウェアのもつ脆弱《ぜいじゃく》性よりも、もっと重要な赤軍の内幕（ソフトウェアの面）の一端があかるみにでた点で、画期的な事件であった。

おもわぬ不測の事件が、神話の崩壊にみちびく。ベレンコ中尉の亡命事件は、ミグ—25戦闘機の神話をうちくだいたばかりでなく、彼のおどろくべき陳述から、赤軍の軍紀、士気、練度、日常生活の一端がはしなくも暴露された。シベリア空軍基地は、いったい、どうなっているか。——テレビ・セットをのぞいては、なんの娯楽設備もなく、男性の求めるたのしみは皆無にちかい。その大半は禁止されている。トランジスタ・ラジオ聴取も禁止され、女性の絵をかくことさえ、レコードを聴くことも、小説を読むことも、勤務生活について手紙を書くことも、自由時間中に、寝床によこたわり、ごろ寝することもできない（第一に、寝床以外に坐る場所がない）。テレビも政治的、愛国的な番組のとき以外に見ることは禁じられている。むろん酒を飲むことも禁じられている。しかし、かくれて酒を飲む。へべれけになるまで飲む。なぜかというと、アルコールだけは無制限に手にはいる唯一の物資だからである。燃料補給なしの最大滞空時間は七〇分なので、ミグ—25はジェット燃料の一四トン分を費消する。さらに、ブレーキと電子装置用に、約一トン半ほどのアルコールが必要である。そこで、ミグ—25配備の基地には、アルコールの大ストックがある。ソ連空軍では、航空機は、「空飛ぶレストラン」の仇名でよばれている（アンドリュー・コクバーンによるベレンコ中尉とのインタヴュー）。

ソ連の脅威とか、軍事バランス論議で、もっとも欠けているのが、ソ連軍機構内部におけるソフトウェアの面である。軍紀、訓練、士気、人種・宗教の問題、将校と兵士との階級対立、日常娯楽、倦怠、アルコール、女性、わいろ、闇物資の購入、犯罪など、数えきれない、人間くさい要因である。おそらくチャーチルが、「謎のなかの謎につつまれた謎」とよんだ「鉄のカーテン」の内幕で、われわれのもっともうかがい知ることのできない領域がこの面であった。

不幸にしてアメリカは、五〇年代後半から、なまじU―2偵察機とか、偵察衛星などの「科学的インテリジェンス」の発達で、それに頼りきったため、伝統的なスパイ、諜報機関などによる「ヒューマン・インテリジェンス」の活動を軽視してきた。その結果、なまなましい「土地カン」のある濃密な情報収集の面で多くの盲点が生じた。嘘のようなはなしだが、ウクライナ地方のカルコフにある戦車工場の生産額はつねに年間五〇〇台という不変の数字が公式に記録されていた。その理由は、このカルコフ上空は一年中、濃雲がたれこめていて、スパイ衛星カメラで捕捉不可能であったからであった。インテリジェンス担当官は、こともなげに、「ゼロから一〇〇〇台の中間をとって、毎年、五〇〇台と推定していた」といったという。

だからこそ、カーター政権時代のサイラス・R・ヴァンス元国務長官が、ニューヨーク市マンハッタンの街路でタクシーをひろい、たまたま、そのロシア移民のタクシーの運転手から、赤軍内部にかんする生の情報にはじめて触れ、驚愕したというようなエピソードが生まれる。ヴァンスといえば、その全経歴の大半を、国家安全保障、軍事インテリジェンスの仕事ですごしてきたプロ中のプロである。CIAの諜報活動、国家偵察衛星局(NRO)、国防情報局(DIA)など、「科学的インテリジェンス」の諸手段で収集された膨大な〝極秘〟情報にアクセスをもつ超ベテランである。これらの巨大なインテリジェンスの全機構がしめす結論は、要するに、ソ連の軍事力は、合衆国と西側世界の安全にとって「明白かつ増大する脅威」だということであった。だが、ヴァンスは、年間一五〇億ドルにも達する巨額な情報収集から得られたものよりも、はるかに貴重な洞察を、わずか三ドルのタクシー代で得たという。この十八歳から二十歳まで二年間の軍隊生活の経験をもつ一人のロシア移民の口から、生の声で真実をきかされた。それは彼の半生をかけた知識を一挙にふきとばすほどのショックを与えたといわれる(一九八二年十月、A・コクバーンのサイラス・ヴァンスとのインタヴュー)。

じつは私自身、似たような経験をもっている。ボストンのローガン空港から深夜帰宅するとき、乗ったタクシー運転手は英語もよくしゃべれない青年で、私がうっかり信用して寝こんでいるうちに、とんでもない方向に連れていかれてしまって往生したことがある。よくよく聞いてみると、三ヵ月まえソ連から渡米したばかりのロシア青年であった。自分の失策だと、あっさり認めて、一ドルも受けとろうとしないのには弱ったことをおぼえている。この純朴そのものの小肥りのロシア青年に私は好感をもったが、この青年も兵役義務を終えていたであろうから、ヴァンスのように、彼の体験の片鱗でもききだせばよかったと、あとで後悔した。

ランド研究所は、七〇年代の「第三の波」といわれるロシア移民群を対象に、その兵役体験を面接調査した貴重な研究をおこなっている（『ロシア人とソ連軍務におけるエスニックな諸要因――その歴史的展望』一九八一年）。その他、エレーヌ・カレール＝ダンコースの研究『崩壊した帝国』（高橋武智訳、一九八一年、新評論）があるし、ロシア移民群の面接調査をもとにおこなわれたテレビ・ドキュメンタリー「赤軍」（PBS・TV、一九八一年五月六日）がある。軍事評論家アンドリュー・コクバーンは、この評判のドキュメンタリーで、ジョージ・フォスター・ピーボディ賞受賞にかがやいた。彼の近著『脅威――ソ連軍事マシーンの内幕』（一九八三年）は、ロシア移民を対象とした綿密詳細な調査資料に依拠するもので、私も本書から多大の示唆をうけた。わが国でも、木村汎氏（北大スラブ研究所）、藤牧新平氏（東海大学）、長谷川慶太郎氏などによる著書で、赤軍の実態についても、多くの人がかなり知るようになった。とくに、アフガニスタン介入初期段階における、赤軍内部の弱点——多民族国家のもつ人種、宗教、言語、階級の対立など——について、大方の人が知るようになった。

ニューヨークに本部をおくヘブライ移民援助協力の調査によると、一九七〇年代に、総計二六万一〇〇〇人のソ連系ユダヤ人が米国に移住した。その移民の多くは、ロサンゼルス、バルチモア、ニューヨークに住んでいる。これらの移民群は、大半がユダヤ人および少数民族なので、その意見に多少のバイアスがあることは疑いをいれないが、七〇年代移民を対象とした多くの調査研究であきらかになったように、こんにちの赤軍内部の犯罪率、アル中、わいろの横行などその内幕は、想像を絶するものがある。一九七四年のソ連軍内部の公式新聞「クラスナヤ・ズベンダ」でも、軍法違反の三分の一が、泥酔状態の結果と報告されている。

ただ誤解をさけるため一言しておくが、私は、アフガン介入以後、わが国でも一時、流行した「ソ連の脅威」妄想の蒙を啓《ひら》こうとするあまり、逆に「赤軍弱し」の見くびりにおちいる危険をも、あわせ警戒しなければならないと信じている。かつてヒトラーが、対フィンランド戦での赤軍の苦戦をみて、スターリンによるソ連軍将校の大粛清の結果と判断した（その判断の一部は正しい）。その結果、ソ連軍を過小評価し、対ソ戦にふみきった。相手方の力の過小評価と油断こそ、国家の安全にとって最大の敵である。

今のソ連はスラック社会

たしかにソ連社会は、国内体制としては、スターリン体制とはほど遠く、一種のスラック社会になってきていることは、肌身でソ連を知る人には常識となっている。たとえば、六〇年代から七〇年代のソ連に留学して、現代ソ連の社会をつぶさに見ている袴田茂樹助教授（青山学院大学）が「実際は軍の組織を含めて、ある意味であちこち隙間だらけ」で、「オーウェルの『一九八四年』の隅々まで管理し尽くされた社会というイメージほど、現在のソ連に遠いものはない」（三世代座談会「老人大国ソ連のアキレス腱」『文藝春秋』一九八四年四月号）と指摘している。

だが、逆説的だが、かつてのスターリン体制のような一枚岩の徹底した全体主義国家ではなくなって、内部に多くの矛盾と脆弱性をかかえこむソ連帝国になったがゆえに、対外関係ではかえって危険になってきたと、私は考える（この点については、『歴史と戦略』第Ⅳ章でヒトラーのナチ体制との比較でふれる）。

西側の一部軍事専門家にささやかれているように、第三次世界大戦の可能性は、ソ連帝国の内部脆弱性、軍事機構内部の脆さからくるかもしれない、といわれるほどである。たとえば、防衛問題の専門家J・M・エプスタインにいたっては、赤軍の官僚主義的硬直性、柔軟性の欠如、軍紀の弛緩、練度の低さから、軍事マシーンが全面崩壊にいたらないうちに、NATOにたいして先制奇襲をしかける強い誘因がある、という極論さえ主張している。一九八三年九月の大韓航空機撃墜事件で、だれしも慄然たる不安にかられたのは、核時代の危機管理におけるこの内部硬直化、軍紀の弛緩現象であったといっていい。

ましてや、サミュエル・P・ハンティントン教授（ハーバード大学国際問題研究所所長）の意見のように、八〇年代のあらたな抑止戦略として、アメリカは東ヨーロッパを聖域視することなく、ポーランドなどの内部崩壊をめざして、積極的に武力介入するオプションをもつべきだという、はなはだ危険な提案さえだされている現在の米ソ関係である（サミュエル・P・ハンティントン編『さしせまった戦略的課題——アメリカの新安全保障政策』第一章、一九八二年）。

しかし、戦後アメリカ政府がとった「ソ連脅威論」には、ソ連側が故意に、戦略的な意図をもっておこなった結果の反映とおもわれるフシがすくなくない。

たとえば、有名な「ゴム製潜水艦」事件というのがある。米国のスパイ衛星カメラを逆手につかって、自己の軍事力を誇大にみせる、欺瞞作戦をKGBは組織的にやってきたことは、この事件でもうかがえる。

一九七〇年代はじめ、ソ連領土上空の偵察衛星カメラの影像分析官は、ムルマンスク近くのポルヤニー港に停泊中のソ連の北洋艦隊にあらたな大陸間弾道ミサイル搭載の潜水艦を発見し、その影像はアメリカのソ連軍最新情報ファイルにくみいれられた。ところが、バレンツ海に暴風がおそって、数日間、偵察衛星カメラはその荒海上でうまく作動できなかった。一夜明けて、あらたな写真判定の結果、おどろいたことに、その新型潜水艦の半数がゆがみ、傾いている。つまり、鋼鉄製ではなかった。

かつてソ連の軍需工場の高級技師であったグリゴリーの告白によれば、彼の任務は、木製のニセ兵器をつくることにあった。本モノそっくりのSAM—2、SAM—3の完全なモデル製作に従事していたという。「それは本モノそっくりだった。その製作のため、特別の住宅が建設され、その工場施設のまわりも完全に偽装されていた」とのべている。リガ港の対岸にあるサーレマー島基地には、多数の本モノのミサイルが配備されていたが、彼の勤務していた当時、ニセのミサイルの数のほうが本モノより多かったという。

むろん、この種の欺瞞作戦は、西側をあざむき混乱させる戦術的意図をもつものにすぎない。が、戦略的レベルでも、ソ連は過去三〇年にわたって、実力をかくし、合衆国はじめ西側世界に、実力以上に自らをみせかけるため、必死の努力をはらってきたとおもわれるフシがある。

あとで第二次大戦中の、チャーチル首相の大がかりな欺瞞作戦を披露するが（『歴史と戦略』第Ⅲ章）、戦後クレムリンはチャーチルの衣鉢を継ぎ、「殺すより盗むがよく、盗むより騙《だま》すがよい」の情報戦略をひとつの国家政策、戦略として組織的に遂行し、成功をおさめてきたと推定せざるをえない。

かつてフリッシュ大佐の名で米ソ両国間の諜報機関でその名を知られるKGBの大物諜報員（公式にはソ連の政治経済問題研究所員）の言ったことは、その事実をあますところなく伝えている。一九七一年、モスクワ駐在海軍武官のジョン・モースが、ワシントンの晩餐会で、フリッシュ大佐に会ったとき、フリッシュは、アメリカの戦略を批判して、「アメリカ人は戦略上の考え方を数学者や経済学者にまかせている。それはよくない」と、痛いところを衝《つ》いた。同席のアメリカの参加者は興奮して、ソ連の戦略について侮蔑的な言辞をはいたところ、フリッシュは、「あなた方アメリカ人は、二〇〇年ものあいだ、侵略にたいしてロシアが不死身であったことを忘れている」と応酬した。モースが、「あなた方の戦略的勝利の例と考えているものをあげてくれませんか」と聞いたところ、フリッシュ大佐は、「よろこんで。前の大戦が終わったとき、あなた方は核兵器でわれわれを破壊できるという一方的能力をもっていたが、われわれはヨーロッパにおける在来型兵力の優位で生き残った。これはかなりの戦略的成果だとおもう」と述べた。モースもこれには同意せざるをえなかったという。

あとで、モースは、フリッシュ大佐に、アメリカの最大の戦略上の誤りはなんだとおもうかとたずねた。いともやさしい御用とフリッシュはいい、「あなた方は一貫してわれわれの能力を過大評価している」といった（ジェームズ・ファローズ『ナショナル・ディフェンス』赤羽龍夫訳、一九八二年、早川書房）。

ソ連脅威〝妄想〟のルーツ

第二次大戦後、ソ連は対独戦争で二〇〇〇万人の死者をだし、経済は荒廃していた。戦時中、ソ連をかろうじて支えていたのは、武器貸与法による合衆国からの援助と、空間の広大さであった。緒戦の奇襲で大打撃をうけ、一九四一年おわりまでに、三〇年代の急速な工業化で建設された工場施設の大半をうしない、数量のうえでこそドイツ軍に数倍する赤軍マシーンも、ドイツ機甲部隊の精鋭によって壊滅的打撃をうけた。

にもかかわらず、六ヵ月間で、一三〇〇の主要工場を後方に移動し、ドイツ機甲部隊の手のとどかないウラル山脈の背後に、あらたな一大工業地帯を建設した。ほぼ一〇〇〇万以上の人びとを移住させ、四二年はじめ、粗末な、屋根もないテント、バラック住宅、急ごしらえの工場で一年まえより四倍の戦車、七〇パーセント増の航空機をつくった。四二年の終りごろには、ドイツ軍の四倍の戦車、約二倍の航空機を生産するまでになった。これこそスターリンの「大祖国戦争」の訴え、ナチ侵略の死にまさる危機感による文字どおりの挙国一致のなせる超人的な生産性上昇によるものであった。そのうえ、スターリン一流のブルータルな死の「恐怖」さえくわわった。達成不可能にちかい苛酷な目標、ノルマを課して、それのできなかったエンジニア、工場長はどしどし処刑された。

戦後の経済再建期におけるスターリンの恐怖の全体主義体制こそ、アメリカの戦時体験とは別の意味でこれまた戦時経済の体験によるところ大である。ソ連の軍産複合体もまた、冷戦の永続化による「恒久革命の制度化」を構造的に必要としていたといえよう。

戦中、合衆国は、交通事故なみの人的損失と、空前の経済繁栄をつづけ、戦後もマーシャル・プランで旧敵国の産業を復興させうるだけの余力をもっていた。原爆独占、全世界にはりめぐらされた海空の前進基地網で、ソ連帝国を包囲していた。地政略上の地位、テクノロジー、経済、ドル支配など、圧倒的な力のインバランスにあって、ソ連のたよりうる唯一の武器は、自己の実力をかくし、アメリカに、実力以上に自らを誇大にみせかける戦略的欺瞞作戦以外になかった。フリッシュ大佐の言は嘘ではない。

それに成功した理由は、いうまでもなく、アメリカ側にも、ソ連側の「虚構」を信じこむ必要があったからである。すなわち、合衆国は、「ウソと知りつつ、ホンマにうけて」、冷戦を永続化し、戦時中に拡大された軍産複合体を温存しなければならない構造上の至上命令が内部にあったからである。

「軍事バランス」という共同幻想を、ソ連側がいかに故意に助長したか、挙げればきりがない。とくにフルシチョフの基本戦略は、これにつきた。

一九五五年の航空ショウが、モスクワ近郊のトシノでおこなわれた。招待されたアメリカの空軍アタシェは、上空を旋回する圧倒的な数のビソン爆撃機を見あげて感嘆した。アレン・W・ダレスCIA長官は、「ビソン爆撃機の拡充で、ソ連はその攻撃能力を飛躍的に向上させた」と述べ、ケネディ登場前のミサイル・ギャップの前哨戦ともいうべき、いわゆる爆撃機ギャップ論争が生まれた。むろん、アメリカの戦略空軍（SAC）は、嘘と知りつつ、そう信じたほうが新型爆撃機、戦闘機開発の口実として便利だったから、このギャップ論争をおおいに歓迎した。

この例などは、戦前、反ルーズベルト派の孤立主義者リンドバーグ大佐がゲーリングに招かれた航空ショウですっかり圧倒され、アメリカの中立維持、参戦反対の急先鋒になった有名な事実を想起させる。

だが、無視できないことは、ソ連の情報欺瞞作戦は、二重スパイとして有名なイギリスの対外情報部（MI6）勤務のハロルド・キム・フィルビー、および西ドイツ諜報部のハインツ・フェルフェ両人の情報活動によって、いちじるしい成果をあげたとおもわれるフシがあることである。この両人の情報活動の主たる任務は、NATO加盟諸国にたいして、東ヨーロッパ駐留のソ連軍が西ドイツ侵攻能力をもっていることを信じこませることにあったからである。とくにフェルフェは、西独の諜報機関を率いていたラインハルト・ゲーレンの部下として、おそらく五〇年代終りまでのNATO作戦の秘密情報の七〇パーセントちかくを支配し、東ヨーロッパ軍の実力にかんする組織的なニセ情報をCIAに流しつづけていたものと推定されている。

戦後の冷戦で、米ソ両国が相手国の戦力をたがいに過大評価することによって生じた最悪の帰結は、毛沢東のいう〝唯武器論〟信仰による軍事機構内部の精神的腐蝕であった。

その点、私自身も反省している。かつて拙稿「モラトリアム国家の防衛論」（『中央公論』一九八一年一月号）で、ハイテック応用の精密誘導装置つきの新型兵器による、わが国の専守防衛戦略を説いたことがある。いまでもその基本的な考え方はかわらないが、先端技術応用のスマート兵器にたよりすぎることの危険性についても、在米中多くを学ぶ機会があった。ハーバード大学滞在時、ワシントンの日本大使館つき軍事アタシェのS氏が同大学の国際問題研究所で、日本の安全保障政策について講演したことがある。講演後の私的な会話で、自衛官として演習のつみ重ねの体験から、そうした精密誘導装置つき兵器のみにたよることの危険性について、貴重な意見をきくことができた。在米中、多くの米軍事専門家のはなしからも、おなじ危険性を感じとった。

よくあやまって引かれる好例が、前述のシリア・イスラエル両軍の戦闘（一九八二年夏）である。数日間、レバノン市上空でたたかわれた両軍の戦闘で、ソ連供与のシリア軍のミグ戦闘機の八五機が数分間で撃墜され、その半数が最新型のミグ—23であったことは前述のとおりである。それと同時に、SAM—6の一九基がバッテリーの故障で作動せず、約一二台の最新型T—72型戦車をふくむ数百台のソ連型戦車が、イスラエル軍によって撃破された。一九七六年のベレンコ亡命事件であかるみにでたミグ—25の正体、アフガン介入の泥沼化、ポーランド危機でのソ連軍の介入逡巡、大韓航空機撃墜事件などの諸事件とともに、はたして「ソ連軍は本当に強いのか」という疑問があたまをもたげざるをえない。

岡崎久彦氏の元上司で、わが国の軍事的リアリストの代表格として、ソ連の脅威をうまず説いてこられた法眼晋作氏（元外務次官）でさえ、ソ連軍の実力について、最近、懐疑的になっているように見うけられる（『日本人にとってソ連は危険国家だ』山手書房）。

ソ連軍は本当に強いのか

右にあげた、おもわぬ偶発事で、ソ連脅威の神話がくずれる。それまで信じこまされてきた信念がゆらぐと、人は認知不協和におちいる。社会心理学者のレオン・フェスティンガーが説くように、この認知不協和をなんとかやわらげるため、さまざまな疑似論理を駆使して、その固定観念の崩壊をミニマムにおさえようと躍起になるか、逆手に使って別の目的に利用しようとする。シリア・イスラエル戦争にかんして、アメリカの軍当局者は、おおよそ三つの方向で、この「信じがたい事実」を正当化し、ソ連を強敵として軍事力の近代化をおしすすめてきたこれまでの路線を擁護しようとした。

第一が、この事件を逆手にとって、高価で最新鋭のスマート兵器の威力を宣伝する好機として利用することであった。その議論の背景には、ジェームズ・ファローズの『ナショナル・ディフェンス』(前掲)に代表されるような、先端技術偏重を批判する人たちの意見があった。すでに、精密誘導装置(PGM)つきスマート兵器の「兵力乗数効果」を力説していた代表格のウィリアム・ペリー博士は、ジェームズ・ファローズの〝虚妄〟をつく、きびしい反論(『インターナショナル・セキュリティ』一九八二年春季号)を公表していた。

ペンタゴンの担当官は、この戦闘の勝利を、イスラエル軍が使用したE—2C・ホーキー・レーダー機や、スパロー・ミサイルなどのスマート兵器の功に帰そうとした。だが、このような解釈は、イスラエル軍当局自身によって、あっさり否定された。後日、イスラエル軍当局のあきらかにしたところによると、イスラエルの情報活動をかくすため、わざと流した虚報であるということであった。つまり、真相は、シリア戦闘機パイロットと地上管制官とのラジオ交信の傍受という、はなはだ原始的ではあるが、きわめて有効な情報収集能力をかくすためであった。つまりそのため、わざと、E—2C・ホーキー・レーダー機を口実につかったということである。なにか、大韓航空機撃墜事件での、自衛隊の無線傍受能力をおもわせる話ではないか。

イスラエル空軍当局者にいわせると、「かつてホーキーに頼って四機のF—15がシリア空軍に不意をつかれ撃墜された例があり、パイロットに人気がなかった」という。スパロー・ミサイルの効果も真相にほど遠く、せいぜい敵にあたえた損害の一五パーセント程度にすぎないといわれる。T—72型戦車を撃破したのは、超スマート兵器ではなく、二〇年来の旧式な一〇五ミリ対戦車砲であったという。

第二の認知不協和をやわらげる疑似論理として、「手術は成功したが、患者は死んだ」という例の笑話をおもわせるような正当化が生まれた。つまり罪を超近代的設備をほこる医療機械ではなく、医師や看護婦のウデの未熟さのせいにするように、ソ連のパイロットが操縦していたらあんなぶざまなことにはならなかったろうという言い方である。その証拠に、おなじソ連製の兵器を使っても、ベトナム軍の場合と比べると雲泥の差ではないか、というわけである。たしかに、イスラエル空軍戦闘機パイロットの練度は、太平洋戦争緒戦時のわがゼロ戦パイロットとおなじく世界最高水準にあった。

だからといって、ソ連空軍のパイロットなら、イスラエル空軍に勝てたか、という保証はない。第三世界の空軍パイロットたちは、「軍事顧問団としてきているシリア空軍の将校もひどいが、ソ連軍もひどい」と言っているところからも、あやしいかぎりである。一九六七年のイスラエル＝エジプトの消耗戦でも、ソ連空軍パイロットの質のわるさがエジプト軍の笑いものにされていた。

第三の正当化の疑似論理が、岡崎久彦氏が説くように、最近のソ連空軍の量、質とも、いちじるしい向上ぶりと、その増強を強調する、というやり方である。三年まえまでは、米空軍専門誌『エアフォース・マガジーン』で、称賛されていたミグ—23型戦闘機が、F—15、F—16戦闘機のまえに、完全に旧式のものになったことをあっさりみとめ、ただし、「ここ数年のソ連空軍の量、質ともその向上は格段のもの」と強調することであった。本章冒頭でふれた戦術空軍司令官ウィルバー・L・クリーチ将軍のことばが、それを代表している。

以上のように、「軍事バランス」の世にも不思議な物語をあまりにも知りすぎている者には、ここ二、三年の急速なソ連極東空軍の現代化とか、その脅威とかのはなしをきくと、反射的に眉につばをつけ、ついゲスの勘ぐりがあたまをもたげてしまうのは、狼少年のはなしのように、「脅威のインフレ」にうつつをぬかしてきた米ソ両大国政府のなせる罪なのである。

また、例のレフチェンコ事件のような、くだらぬことでさわぎたてるまえに、わが国でソ連の脅威を誇張してきた人たちは、もしかしたら、自分たちが、国防総省やＣＩＡのお先棒をかついでいるどころか、あのチャーチル直伝の、ＫＧＢの大欺瞞工作にまんまと乗せられているのではあるまいか、と疑ってみる必要がある。米ソのすさまじい情報戦略のはざまにあって、われわれ日本国民がしぶとく生き残っていくために不可欠な戦略的思考は、まず、すべてを疑ってみる懐疑の精神である。いうまでもなく、この懐疑の精神こそ哲学的思考の第一歩なのである。

Ⅳ　有　事――日米運命共同体の幻想がくずれるとき

「三海峡封鎖」は、いつ、いかなる目的でおこなうのか。「有事」とはいったいなにをさすのか。ソ連が攻撃を開始した後であれば、敵潜水艦は外洋にでたあとなので、封鎖の意味はない。戦争開始前の「危機」という魔のときこそ、海峡封鎖が戦略的に意味をもち、また、ソ連による対日核恐喝の口実をあたえる絶好の好機となるのだ。

愚行は「ことば」から

ロサンゼルス・オリンピック大会の柔道無差別級に出場した日本の山下泰裕選手（五段）は、軸足の右足ふくらはぎの肉離れというハンディを負いながら金メダルを獲得した。山下選手は、二回戦、腰をひいて逃げまわるシュナーベル選手（西独）の専守防衛に、右足ふくらはぎを痛めるという事故に見まわれた。フォン・クラウゼヴィッツが、「摩擦」（フリクション）の語でよんだ、いかなる戦闘にもともないがちな予期しない故障である。山下選手は、いわば片足で決勝まで勝ちぬかねばならないという危機に直面した。

戦略とか、戦術とかが必要となり、その本領を発揮するのは、こういうときである。

これで優勝は絶望と、一瞬、青ざめた佐藤コーチにとって、とりうる途（選択肢）は三つあった。第一が、柔道にとって致命的ともいうべき軸足の負傷を理由に、山下を棄権させることである。第二が、内外の観衆の期待にこたえて、山下の豪快な立ちわざ一本をきめる完全勝利の機会をあくまで求めることである。第三は、相手に「効果」をとられても、その攻勢を逆手にとって、すばやく寝わざにもちこみ、一本をとることである。佐藤コーチと山下選手は、ためらうことなく第三の途をえらんで成功した。

この柔軟な対応を可能にした基礎的条件は三つある。第一に、「こんなけがで今まで自分のやってきたことが水の泡になってたまるか」という山下選手の闘志である。第二に、つね日ごろ、立ちわざから寝わざにいたるまで、多角的な技能を練磨し、状況に即応しうる多様なオプションを身につけていた用意の周到さである。そして第三に、この世界の檜《ひのき》舞台でみごとな立ちわざをもって、世界の強豪をなげとばし、優勝をかざりたいという願望をおさえ、目標水準を一段さげた英知である。

戦略の本質は「自己のもつ手段の限界に見あった次元に、政策目標の水準をさげる政治的英知である」（『歴史と戦略』第Ⅵ章参照）というが、これはいいやすく、おこなうことはむつかしい。「愚行の葬列」ともいうべき人類の歴史は、そのことの難しさをしめしている。むしろ、自己の能力、手段の限界を忘れ、政策目標の水準を上昇させてきたのが人類の歴史といっていい。

この愚行への第一歩が、「ことば」である。まさに、「はじめにことばありき」である。われわれは、テレビや時代小説で、山下選手のように本当につよい人は、無口で控えめで、みだりに大言壮語したりしない（むろん、四冠王カール・ルイス選手のような例外もある）ことをよく知っている。実力と自信のないひとほど、やたらに強がったり、タカ派ぶったり、威勢のいいことをいう。われわれはそのことを、戦前、戦中の苦い体験を通じて、本能で知っている。だから、「不沈空母」とか、「三海峡封鎖」とか、「運命共同体」とか、「戦後の総決算」などの語をきくと、反射的に警戒心があたまをもたげてしまう。

八月十一日、レーガン大統領が恒例のラジオ演説本番前のマイク点検で、「本日は晴天なり」のかわりに、「ソ連を五分後に爆撃する」という例の失言をやって国際的な波紋をひろげるようなことが起こりうる。これがジョークであることはだれ一人うたがわない。しかし、冗談にしろ、核ミサイルの発射命令の権限を握る最高責任者がこういう言をはくことが、無意識の深層部分の本音がつい出たとうけとられかねないという危惧よりも、超大国アメリカも、落ちたものだというのが大方の西欧同盟諸国民のいつわらない実感であろう。

かつてセオドア・ルーズベルト大統領は、「大きなコン棒をもったら、そっと歩け」と忠告したことはよく知られている。クレムリンは、フルシチョフ時代がその典型であったように、核戦力がアメリカよりはるかに劣位にあったとき、一貫して「ハッタリ」戦略と大言壮語の高姿勢をとっていた。たとえば一九五九年、A・ハリマン駐ソ大使がフルシチョフと会談したおり、書記長は、「貴国の将軍たちは、ベルリンを武力で守れるといっているが、これはブラッフだ」と毒づき、「貴国が戦車を送っても一台残らず焼かれる。貴国が戦争をお望みなら、いつでも受けてたつ。しかしそれはあくまで貴国のはじめた戦争だ。われわれのロケットは、自動的に発射されるだろう」と恫喝した（A・ハリマン「私のフルシチョフ会見」『ライフ』一九五九年七月十三日）。

やがてキューバ危機で、このハッタリの化けの皮がはがれる。ブレジネフ以降、ソ連は死にもの狂いに核戦力の拡充につとめ、対米核戦略兵力がラフ・パリティ（ほぼ均等）の状態に達するにつれて、クレムリンは、右のルーズベルトの忠言にしたがっているようである。これに反して、アメリカは、キューバ危機時代にもっていた圧倒的な対ソ優位をうしなうにつれて、「邪悪の帝国」流の空体語がめだってきた。西ヨーロッパの心ある有識者とともに、われわれがいちばん気になるのはそのことである。

ところが、防衛問題をめぐる日米関係のほうはその逆である。フォード時代やカーター時代とちがって、レーガン時代になると、右のセオドア・ルーズベルトの忠言にしたがって、静かな同盟外交に徹しているようにみえる。もっぱら外務、防衛各省庁の事務レベルの折衝を通じて、ひっそりと日米の軍事協力が着実にその既成事実をつみかさねてきている。

この日米新時代の軍事協力の特徴は、つぎの三点に要約されよう。第一に、かつてのように日本の防衛支出の低さについて公然と日本を非難し、その防衛努力へ圧力をくわえるやり方が逆効果になることを反省し、自衛隊の「防衛任務」を明確化することから出発していることである。第二に、一九八一年の日米会談でワインバーガー国防長官があきらかにしたように、NATO、日本、アメリカの「防衛責任分担」を明確化し、日米間の責任分担をより具体化したことである。つまり、アメリカは日本にたいして、核の傘（専門用語でいう「拡大抑止」）および、西太平洋地域での攻勢的な力のプロジェクションを提供する。そのかぎりで、日本は、日本本土防衛を中心に、戦略守勢をとり、攻撃能力をもつ必要はない。したがって日本は、近接した地理的重要性にもかかわらず、朝鮮半島の防衛についで、軍事協力する必要はない。第三にその代償として日本側は自己の領海・領空防衛の責任を課せられた。

だが、アメリカの海軍力は、六〇年代に保持していた艦艇九〇〇隻から、八〇年の五〇〇隻に低下した。極東地区でのソ連海軍力の飛躍的増強とあいまって、ペルシャ湾からインド洋をへて極東におよぶシーレーン防衛に手薄なところがでてきた。

アメリカは、東南アジア地域での日本の海上自衛隊の役割には期待していない。が、そのかわり、日本は、日本本土に近接したシーレーンの一部を防衛するうえでなにか協力が可能なのではないか、とワインバーガー長官は日本側に回答をせまった。このワインバーガー国防長官の問いかけにこたえるかたちで、鈴木首相のシーレーン一〇〇〇カイリ防衛と、中曽根首相の「三海峡封鎖」が、あらたな海上自衛隊の任務として日程にのぼってきた。だが、「西側の一員」とか「有事」とか「三海峡封鎖」とか「シーレーン防衛」とかの語が、たんなるレトリック以上のものであるなら、目標と手段、意図と能力、目標と資源の弁証法という視点からきびしく再検討されねばならない。

アメリカ新戦略のなかの日本の役割

まず、これらのキー・ワードの背後に予想されるアメリカの世界戦略はその新構図のなかに、日本の役割をどのように位置づけているのだろうか。

さきの、山下選手の比喩をつかえば、要するにベトナム戦争と、ポスト・ベトナムのデタント期に負った、ふくらはぎの負傷がいえるまで、手段と資源の限界にみあった一種の攻勢防御戦略姿勢（一種の「寝わざ」）をとりつつあるのが現在のアメリカの戦略であるといっていい。山下選手のように、かつての余裕ある王者の力を回復するまでの過渡期の戦略といえよう。一種の攻勢的な前進戦略、地域間リンケージ（水平的エスカレーション戦略）、さらにスターウォーズ計画に象徴されるような、抑止よりむしろ防衛（対処）能力の重視などを特徴としている。それは、自己の相対的な弱さの自覚にたち、相手国、ソ連の脆《ぜい》弱《じゃく》性をつき、それを徹底的に利用することで、核・非核の両レベルで低下してきた抑止力を、補完し、より確実なものに補強する、もろもろの措置をふくむものと考えられる。

とくにソ連帝国のもつ脆弱性をつくためには、「通常兵力による報復能力」をつけることが先決である。つまり、山下選手のように、敵の攻勢を逆手にとって、寝わざにもちこむ反撃能力の保持である。このことを可能にするひとつの要素は、八〇年代におけるアフガニスタンとポーランドで、あらわになったソ連帝国内部の脆弱性といっていい。

ことにソ連最大の戦略的弱点は、ソ連がユーラシア内陸部の中心に位置する陸上帝国であるが、海への出口がきわめてかぎられていることである。ソ連のもっている港は、せまい水路――いわゆる「閉塞水域」（チョークポイント）を通じて外洋とつながっているため、ソ連の潜水艦は探知されずに自由に出入りすることはできない。また、ソ連は、アメリカのように、ユーラシア内陸部を包囲するようなかたちで、海外に前進基地網をはりめぐらすこともできなかった。そのため、ソ連の海軍力、とくに攻撃型の戦略潜水艦がその数量、技術水準ともアメリカに匹敵する水準に達したとしても、アメリカにくらべると、はるかに脆弱な立場におかれている。

こうして外洋にでる出口を制せられているという弱みをカバーするため、ソ連はオホーツク海のような海域で、米本土にとどく長距離ミサイル搭載の攻撃型原潜の基地の拡充に全力をあげてきた。

また一般の常識とはちがって、ソ連の工業生産地域は、むしろアメリカよりも、集中化している。地中海にひそむフランスの三隻の潜水艦でも、この工業中心部を目標にかなり手ひどい打撃を与えることができる。ドゴール以来の、最小核抑止力が、すくなくとも政治的には意味のあるものとなっているのはそのゆえである。さらに、ソ連の輸送システムは、アメリカよりはるかに能力がおとり、攻撃にたいして痛手をうけやすく、復旧もおそいとみなされている。

以上の、あらたなワインバーガー＝レーマン戦略からみると、ソ連帝国の最大の脆弱点をつく前進戦略は、六〇〇隻の目標達成をめざすレーマン海軍長官の野心的な海軍力拡充によって、ソ連のチョークポイントを封殺することを重要な戦略目標のひとつとしていることがあきらかになるだろう。

この攻勢的な前進戦略の「かなめ石」として、三海峡封鎖に協力することが、海上自衛隊および航空自衛隊に課せられた主たる任務とされている。これは、しばしば誤解されているように、ペルシャ湾からインド洋をへて日本本土にいたるシーレーン防衛の一環を担うことを直接の任務とするものではない。

それは、われわれの日常生活物資たる石油、資源、食糧などの供給ルートを確保することと自体を直接の目的としたものではない。さしあたり、目下日程にのぼっているのは、海軍の作戦用語でいう「海上連絡路」(sea lines of communication)の防衛であって、略して「スロック」(SLOCs)防衛といわれるものが日米の軍事協力の実体なのである。

すでにアメリカの第七艦隊のM・S・ホルカム提督が示唆していたように、攻撃型の戦略原潜のひそむ聖域たるオホーツク海をひかえ、ウラジオストックとペトロパブロフスク両軍港をつなぎ、外洋への出口となっているのが、宗谷海峡であり、ソ連海軍にとっても、宗谷海峡の安全を確保することが戦略上、最優先の任務とみなされている。

最近のジェーン海軍年鑑が、有事のさい、宗谷海峡の安全確保のため、ソ連が北海道を占領する可能性が高いことをほのめかしている。日米の防衛関係者間で、ソ連の世界戦略上ノルウェイ北部の地位にも似た北海道の戦略的地位がにわかに重要視されはじめた。つまり、北海道が、ソ連の軍当局者の眼から、軍事用語でいう「内線」作戦の領域に編みこまれたということである。これは、北海道防衛に任じる陸上自衛隊の存在理由を急速にたかめたとされている。

栗栖〔弘臣〕元統幕議長も、「今昔の感にたえませんね。七〇年代には米軍は北海道に関心が薄かったんですけどね」とかたり、その理由を「オホーツク海に米本土を脅かすソ連の戦略型原潜の配備」にもとめているのは、その典型的な例といっていい(「朝日新聞」ルポ「不沈空母列島」12)。

かくて、宗谷海峡の封鎖をめぐる攻防戦がたんなるウォーゲームの想定をこえて、着実に日米軍事協力作戦の中心にすえられつつある。だが、問題は、いつ、いかなる状況で、だれが、どのような方法で、なんのために海上封鎖をやるか、ということである。

魔のとき―海峡封鎖

さる六月十二日(一九八四年)ワシントン発の報道によれば、米上院外交委員会のアジア太平洋問題小委員会で、アミテージ国防次官補が、「日本が海峡封鎖能力をつけることが、シーレーン防衛と対ソ抑止力の面から望ましい」むねの発言をおこなったと伝えられる。ここで、まず問題になるのは、どのくらいの費用と時間をかければ、その封鎖作戦は可能か。また、だれが、いつ、どのような状況で、いかなる方法でおこなうのかという手段の考慮から、この達成目標を吟味してみることである。

かつてアメリカは初期冷戦時代、ジョージ・ケナンの危惧にもかかわらず、トルーマン・ドクトリンが、PR過剰な「壮大かつ大規模」なレトリックに一変して、中国内戦へ軍事介入する可能性がたかまったとき、軍関係者とくに陸軍が、手段と資源の限界から反対して、かろうじて、大陸介入という愚行を未然に防ぐことができた。アイゼンハワー時代、インドシナ半島への軍事介入をかろうじて抑制できたのも、リッジウェイ中将などの手段の限界についての考慮からであった（『歴史と戦略』第Ⅵ章参照）。いま、わが国で求められているのは、日本のリッジウェイ将軍である。

米下院外交委員会のアジア太平洋問題小委員会で、ロング前太平洋司令官は、「海峡封鎖の方法にはいくつもの具体的戦術がありうる。海峡封鎖は、日本にとってもっとも安くつく」とのべたといわれる。たしかに、有事のさい、ソ連の潜水艦が宗谷、津軽、対馬の三海峡をへて外洋に出撃すれば、それを捕捉することは、はるかに困難になり、米軍の海上連絡路（SLOCs）のみならず、シーレーンにたいする脅威もよりたかまることは事実であろう。三海峡を封殺できれば、それにこしたことはない。これが絵にかいたモチにならないためには、いつ、だれが、どのような方法でやるかである。

海原治氏（元国防会議事務局長）は、いわば日本のリッジウェイとして、この点をするどくついている（「再び海峡封鎖について問う――なぜ現実的検討をしないのか」サンケイ新聞〈正論〉一九八四年六月二十六日）。海原氏によれば、海峡封鎖には、三つの方法が考えられるという。

第一が、機雷の敷設（船からと航空機からと）、第二が海中障害物の設置（船舶の自沈、水中障害物の敷設）、第三が陸上基地からのミサイル攻撃、砲撃――などである。

第一と第二の方法は、平時（平和時）には実施できない。宗谷、津軽、対馬三海峡は、「国際海峡」である。対馬海峡も、半分は韓国の領海であり、宗谷海峡は北半分一二カイリがソ連の領海である。平時において、第一と第二の封鎖行動をおこすことは国際法違反であるばかりでなく、ソ連に日本攻撃のいい口実を与えるのみであろう。したがって、とうぜん、平時において可能な手段は、第三の方法のみとなる。海峡沿岸に対艦ミサイルか砲台をつくることである。

だが、このあからさまに攻撃的目的をもつ要塞の建設にたいして地元のみならず、国内に猛烈な反対運動がおきることは目にみえている。これが憲法違反であるという、野党の主張に抗することはきわめてむつかしい。それのみならず、有事のさい、ソ連軍の、最適攻撃目標を提供することになる。

では、有事のさい、可能な手段は、海原氏の指摘するとおり、米軍の航空機による機雷の投下のみである。現在の航空自衛隊に、そういう能力はない。むろん、その任務と目標水準に見あったレベルに、日本の自衛力(とくに海、空の対処能力)を増強すべきだという意見がでてくることが予想される。レトリックが、実体を生みはじめるのはこのときである。

だが、われわれ日本国民にとって、バイタルともいえる関心事は、有事とはなにか、ということである。有事の定義を明確にしないと、海峡封鎖作戦は、状況しだいで、たいへんな攻撃的意図をしめすシグナルになりうる。

有事とは一般に、「ソ連からの攻撃があったとき」とされている。このような定義は意味をなさない。なぜなら、攻撃をうけて、戦争が開始された事後に、あわてて海峡封鎖しても、意味がない。ソ連の潜水艦の大半は、海峡を通過してすでに外洋に出撃してしまっているだろう。問題は、いつ、海峡封鎖をやるのか、というタイミングなのである。ここに、平時とも戦時ともつかない、緊迫した「危機」という「魔のとき」の重要性がクローズアップされてくる。

シーレーン防衛や三海峡封鎖という名の「スロック（SLOCs）封鎖」作戦は、ほぼつぎのようないくつかの想定にたつシナリオにもとづいている。

第一の想定は、核、非核をとわず、米ソ間のグローバルな武力衝突がおきるとすれば、それは不安定な地域紛争が拡大していくときであろう、ということである。核時代では、いわゆる「水晶球」効果（ジプシーなどがよくやる水晶球《クリスタル・ボール》占いのこと）がはたらいて、なんぴとの眼にも、くっきりと、その帰結が認識できるような「戦域」での直接武力衝突は、むしろ発生の確率は低い。つまり、合衆国が明確な防衛コミットメントをもっているNATO正面とか、北海道などに直接侵攻がおこる確率は低い。むしろ周辺地域の内部崩壊や、小規模紛争の拡大があぶない。たとえば、東ヨーロッパの内部崩壊である。東西ドイツの接近、東ドイツ内部の労働者の反ソデモまたは暴動の拡大によるソ連軍の出動など。あるいは、ポーランドの内部崩壊と、反ソ勢力の東欧への拡大によるソ連軍の直接介入等々である。

それより、もっとありうるケースとして、想定されているのは、中東ペルシャ湾をめぐる地域紛争の拡大である。たとえば、イラン＝イラク戦争の長期化で、イランの国内政治情勢は日ましに悪化する。それに応じてサウジアラビアの国内情勢も険悪化し、国内インフレの昂進するイスラエル情勢も緊張をはらむ。この地域的不安定化に乗じて、イラン共産党が、日ごとに人心のはなれていくホメイニ政権を打倒し、共産政権を樹立する。やがてイスラム教シーア派の反抗で内戦がイラン全土に波及するのみでなく、中東各地にもひろがる気配が濃くなってくる。いうまでもなく西側の中東石油の輸入依存度はきわめて高い。アメリカが三二パーセント、ヨーロッパが七〇パーセント、日本は七七パーセントである（一九八〇年、国防総省報告）。このペルシャ湾の石油供給源の安全確保のため、アメリカの緊急派遣部隊（RDF）が急遽、現地へむかう。それに対応して、アフガニスタンへの介入のときとおなじように、イランの新政権が「秩序の回復」を名目にソ連軍の介入を、要請する。アメリカの大統領は、この緊迫した情勢下でソ連の介入にたいして、つよい警告をくりかえす。この「ことば」による抑止が切れてソ連軍の南部イランへの進撃が開始されたら？

このとき、いわゆる「暫定協定《モーダス・ヴィヴェンディ》」シナリオは、多正面にわたるグローバルな非核通常戦争がおきるという想定にたって、日本の防衛構想をえがいている。だが私見によれば、この地域紛争の拡大が、一足とびに多くの「防火帯」をとびこえて米ソの直接武力衝突になる可能性よりも、その中間の、長びく危機という「魔のとき」が介在すると考えるほうが、より現実的である。

たしかに、「悪いことはかさなる」から、さまざまの予期しない偶発事がかさなって、米ソの直接武力衝突にエスカレートする確率はゼロとはいえない。だが、ひとたび武力衝突すれば、その帰結は、なんぴともコントロールできない核戦争へ拡大するリスクがきわめて高い。そこで直接の武力衝突を自制しつつ、双方に有利な方向で局地紛争を解決しようと、緊迫した、平和とも戦争ともつかない危機状況がかなりながく持続するものとおもわれる。

この「魔のとき」こそ、米ソ両海軍が、海上に海底に、また空中で、しのぎを削って、海上連絡路（SLOCs）制圧の準備警戒態勢にはいる時期である。

米海軍は、直接の武力攻撃を自制しつつも、オホーツク海にひそむ攻撃型戦略原潜を封じこめ、ソ連の極東艦隊の外洋進出を封殺するため、三海峡封鎖その他の臨戦態勢にはいることはまちがいない。

この「魔のとき」が実際におき、四八時間つづいたことがある。つまり一九六二年のキューバ危機である。このときケネディ大統領がおこなったキューバ海上封鎖の先例と、三海峡封鎖とを比較して、その異同をみてみる必要がある。キューバの海上封鎖は、平時における国際法違反ギリギリの線でなしえた危機対処の間接アプローチであった。だからこそ、ケネディ大統領は、平時における公海上の海上封鎖にたいする政治的婉曲《えんきょく》語として、

「隔離」（quarantine）という語をもちいた。この「隔離」という語は、一九三七年十月五日、フランクリン・D・ルーズベルト大統領が、孤立主義の牙城シカゴ市でおこなった有名な「隔離」演説にならったものである（この語のもつ意味については、拙著『冷戦の起源』一九七八年、中央公論社参照）。

この海上封鎖によって、フルシチョフのとりうる選択は確実に三つに限定された。第一が、米海軍、アンダーソン提督の指揮下にある約一八〇の艦艇による強力な封鎖戦線を突破（主として、潜水艦による攻撃）して、キューバへのミサイル輸送を達成することである。第二が、封鎖線上で米海軍の手で、拿捕されることである。第三が撤退することであった。

第二の決定的な屈辱をさけるためには、第一の強行突破か、第三の撤退しか残されていない。第一の選択は、米軍が完全に制海、制空権を握っているカリブ海域で当時のソ連海軍の力をもっては、成功率はゼロにちかかった。しかも、この強行突破がエスカレートして、核戦争にまで拡大する確率は、きわめて高かった（現在、その確率は三対一とされている）。

もし核戦争になれば、ソ連が一方的な敗北を強いられることも、ほぼ確実であった。アメリカ本土を狙うソ連の地上固定のＩＣＢＭ（約八〇基）は、脆弱ですべて地上に露出していたのみでなく液体燃料をつかった旧式のものなので、発射までに時間がかかった。さらに、ソ連本土を海上から包囲するアメリカの原潜からのミサイル攻撃で、全目標をあますところなく破壊することは容易であった。私が八二年から八三年にかけて、ハーバード大学にいたころ、いまではハト派として知られるある有名な核問題の専門家（MITの教授）が、ひそかに、「あの当時（キューバ危機）、ケネディが核先制攻撃をやっていたらアメリカは確実に勝っていただろう」ともらした、という話を伝えきいた。あの当時、私もケンブリッジ市に滞在していたから、あとで文字どおり、膚《はだ》にアワを生じたものである。

キューバ危機とどこが違うか

では、現在の戦略状況で、あの六二年当時のキューバ危機とおなじように、日米両軍の海峡封鎖が有効なエスカレーション抑制効果をもつだろうか。

ここで決定的なのは、極東における通常兵力および核戦力がアメリカの「明白な優位」から、「ラフ・パリティ」に移行したか否かの戦略バランスの問題ではない（むろん、無関係ではありえないが）。

その問題よりも、もっと重大な点は、「イニシアティヴの原則」とよばれる戦略上の優位獲得が可能か否かである。簡単にいえば、いくつかの可能な選択肢のうち、「どれを選択するか」の責任を相手方にゆだね、どちらをとっても有効な対応をとりうる柔軟な行動の自由をわが方が確保できるか否かである。

山下選手の力は、相手方がどう出ようがイニシアティヴを失わなかったことにある。宮本武蔵の剣法も、「間合を見きる」極意で、相手がどのような攻撃を加えようと、自己の態勢をくずさない柔軟な優位性の保持にあった。

キューバ危機のとき、ケネディ大統領は、最初、「ことば」による対ソ警告をおこなったが、それが抑止の効力をうしなった。ソ連はアメリカを欺瞞しながら、ひそかにキューバに中距離核ミサイルを建設しはじめ、発見されないうちに急速に既成事実をつくりだそうとした。

この第一段階での「抑止」が失敗したあと、通常兵力（海軍力）による海上封鎖という間接的な「強要」の手段をとって成功した。抑止が失敗した後、「強要」の手段で原状回復を強いた点では北朝鮮軍の南朝鮮侵攻やフォークランド島のアルゼンチン軍の占拠のケースとおなじである。

ただキューバ危機のばあいは、右の二例とつぎの一点でことなっている。つまりケネディは、封鎖ラインを引いて、ソ連の船団がちかづくのを、ただ、じっと「待つ」だけでよかった。宮本武蔵が大上段にふりかぶって「さあ、どこからでもこい」とみがまえるのとおなじである。フルシチョフは、三つの選択肢のうち、「悪の少ないもの」（撤退）をえらぶべく強要された。しかも、アメリカ政府が、最後通牒を発してから、四八時間の猶予が与えられた。この四八時間という「魔のとき」に、核戦争のリスクをかけた選択肢を、フルシチョフ自身の責任で、えらばねばならなかった。典型的な「通常兵力による報復」による「強要」成功の例である。

三海峡封鎖のケースは、右のキューバ危機のばあいのようにイニシアティヴ確保に成功する見通しがあるだろうか。

まず、「抑止」と「強要」のちがいを明確にしておく必要がある。核兵器出現以前の、これまでの戦略論では、攻勢（または攻撃）の反対語は、守勢（または防御）とはっきりしていた。この類比からいうと、「抑止」の反対概念はなにか。これがむつかしい。トーマス・シェリング教授（ハーバード大学）が、「抑止」の反対語として、「強要」（compellence）という新語をわざわざつくらねばならなかった。簡単にいえば、「抑止」とは、相手側に「何もしない」（to do nothing）を強いることであり、「強要」とは、「何かをする」（to do something）を強いることである。「抑止」と「強要」のちがいのなかで、大切なポイントは、「強要」には、いつ、どこまで、どのようにすべきかを明示しなければならないことである。ある人（A）が、ある地点でじっとしている（現状維持）のにたいして、Bが「一歩でも動いたら、撃つぞ」と脅して現状を維持させるのが「抑止」である。したがって「抑止」は単純である。これにたいして、なんらかの理由で、すでに動きだしている相手方（A）にたいして、Bが、「そこで停れ。そして戻れ。さもないと撃つぞ」と命じて、その行動を強制するのが「強要」である。したがって、強要では、Aが「いつ、どこまで、戻るのか」という複雑な特定化をBが明示する必要がある。

　さきのキューバ危機のケースでは、すでにキューバに接近しつつあるソ連船団にたいして、「四八時間以内に、封鎖線外に撤退せよ」という明確な時間と空間の特定化が必要であった。

　むろん作戦地図とちがって、現実の海上に朱線が引かれているわけではない。「封鎖線」と米海軍が指示したラインを、ソ連船団がこえたか、こえないかについて、あいまいな中間の状況が生じうる。停戦命令を無視して徐行しつつあるソ連船にたいしてどうするか。マクナマラ国防長官は、海上封鎖作戦のくわしいシナリオ作成のとき、分刻みに手順をきめ、まず、停戦命令を無視して、スピードをおとしつつも、封鎖線をこえたら、どうするというマニュアルまできめた。まず、威嚇《いかく》射撃のあと、船体を傷つけず、スクリューだけを破壊して事実上、停船を強いることを命じた。そして、アンダーソン提督に連絡して、このスクリューだけを破壊して船体を傷つけず停船させることが、現実に可能か否か、実際に演習をやって、この目で確かめないかぎり作戦を実行できないと、マクナマラ長官はつげた。あやまって船を沈めてソ連の乗員を殺せば、それで核戦争がはじまるかもしれない。アンダーソン提督は、米海軍のウデを信じないのかと、両者ではげしい口論になったというエピソードが伝えられている。

要するに、ここでいいたいことは、明確な国境線のある陸上の作戦とちがって、平和時（もしくは準戦時）の自由な公海上でおこなわれる海上封鎖とか、海峡封鎖には、陸上の武力衝突とは、ことなった厄介な問題が生じうるということである。

この「魔のとき」に、もっともおきる確率の高いのは、逆にソ連のイニシアティヴ確保にたつ、「核の恐喝」である。「もし日米両国が、宗谷、津軽両海峡の封鎖をおこなうならば、われわれは日本の軍事基地にたいして核の報復をおこなう」とモスクワが声明したら、どうなるか。平時とも戦時ともつかない「魔のとき」に、この種の脅しがもっとも有効性を発揮する。このときは、キューバ危機でケネディのとった選択とはまったく逆となる。クレムリンは、じっと待つだけでいい。われわれの側が何かをするか、しないか、を自らの責任で選択しなければならない。危機下とはいえ、すくなくとも国際法上、まだ平和時にあるかぎり、ソ連潜水艦や艦船が海峡を通過して外洋にでるのは、まったく自由である。それを阻止するには、われわれの側がなんらかの妨害行動を自らの選択でえらびとらねばならない。核戦争をおこすか、おこさないかの選択は、いつにかかって日米両政府の選択と行動にかかっている。この「魔のとき」日本国民がどういう反応にでるかだれにもわからない。それは、未知の、なんぴとも確実に予見できない領域に属する。パニックがおきるか、六〇年安保をうわまわる大デモがおきるか。あんがい、冷静に対処できるか、だれもわからない。

ただ確実にわかっていることは、日米の「運命共同体」という幻想が崩れるのは、このときだということである。

海峡封鎖のタイミング

核時代の戦略には、多くのパラドックスがある。だれでも一見、防御的とみなす「意図」をもつ行為が結果として、もっとも攻撃的なものになりうる（たとえば「戦略防御構想」〔SDI〕）し、逆に攻撃的な行動のように見えるものが結果として防御的なものとなりうる（たとえば、「相互確証破壊戦略」〔MAD〕）。おそらく海峡封鎖は、シェルターとともに、この核時代のパラドックスをしめす好例といってよい。

もともと、核兵器の出現で、古くからあった「抑止」という概念が、あらたな意味あいをおびて復活したのは、ミサイルという運搬手段と核弾頭の破壊力との結びつきから生まれた核攻撃にたいしては、これまでの伝統的な防御という手段では、これを完全にふせぐことが不可能になったからである。第二次大戦末期、ロンドンにむけて発射されたドイツのV1の先端に、こんにちのメガトン級の核弾頭がつけられていたら、どうであったかを想像してみれば、そのことはすぐわかる。イギリスの対空防御がもっとも成功をおさめた一九四四年八月二十八日でさえ、イギリス本土にちかづいた一〇一発のうち九七発が破壊されたが、四発は、ロンドンに到着した。そのうち一発でも核弾頭をつけていたら、ロンドン全市は一瞬に壊滅されていたであろう。

したがって、侵入してくるミサイルや爆撃機を一機残らず完全に撃墜しなければ、防御によって、核攻撃に対処することはできない。これはこんにちの発達した技術能力をもってしても、達成不可能な完全防御率といっていい。そこで米ソとも、基本的に「抑止」にたよらざるをえない。核ミサイルという攻撃型兵器の極限形態が、逆に一種の事前防御(平時における軍備によって攻撃を未然にふせぐ)という古来、きわめて困難とされた防御目的を達成している。その意味でも兵器の近代化は、その極限形態において防御側に有利となっている、といっていい。

このことは裏がえすと、かりに完全な専守防衛型システムが完成されたあかつきこそ、人類は、核戦争の淵《ふち》にたたされるときであろう。この逆説が理解できないひとは、現代の戦略をかたる資格がない。

レーザー、ビーム技術などを組みあわせ、宇宙ステーションから、敵の発射まもない弾道ミサイルを迎撃、これを完全に撃ちおとせる完全防御システムが、いわゆる「スターウォーズ」計画の名で米ソ両国で研究開発がすすめられているが、かつてのABMシステムと同様に、米ソ間のなんらかの軍備管理協定で、その研究開発が凍結されることが望ましい（困難としても）、とされる理由は、これこそ米ソ間の危機を不安定化するおそれがきわめて高いからである。さらに、二〇二〇年ころまでにおこりそうな技術突破として、「専守防衛型」核システムの完成の見通しがある（これらの問題については、ハーバード核研究グループ『核兵器との共存』久我豊雄訳、一九八四年、TBSブリタニカ参照）。

むろん、かりにつぎの想定が実現できれば、平和と安定に貢献することは確実である。つまり、米ソ両超大国が、同時に、攻撃型核ミサイルを全部廃棄して、「専守防衛型」核システムにさっときりかえることができたら、大砲の出現しない以前の、中世の城塞のように、長期の平和と安定が保証されるかもしれない。しかし、だれが考えても、この同時性を期待することは不可能である。両超大国とも、相手を完全にノックアウトできる攻撃兵器をもちながら、片方だけが、完全防御システムを完成したら、他方は、圧倒的に不利な立場においこまれる。アメリカのように、自分では平和的（現状維持的）で、核の先制攻撃をしないと、信じている国なら、ソ連よりさきに完全な防御システムを完成しても、世界は平和になると考えるのは、浅はかな考えである。その開発過程でその成否がソ連にキャッチされるにきまっているから、クレムリンは、あたかも真珠湾攻撃を決意した日本以上に、緊迫した空気につつまれるにちがいない。米国以上の、攻撃型の核ミサイルの近代化をいそぎ、それを交渉力（いわゆるバーゲニング・チップ）として、軍備管理交渉にでてくるか、それとも「時間がたつにつれて、わが方が決定的に不利になる。やるなら、いまだ」とその防御システムの完成前に核先制奇襲にでるか、どちらかであろう。どちらにしても危機感が急速にたかまろう。

その逆に、「邪悪の帝国」ソ連のほうが、さきに、完全防御システムの完成にちかづきつつあることが明白になったら、アメリカ側はどういう反応にでるか。

いままでも、レーガン政権の周辺にいるタカ派軍事専門家が口をきわめて強調するソ連の脅威には、その想定の有力な根拠のひとつとして、ソ連のシェルターや市民防衛システムの整備、拡充があげられている。第二次大戦時ですら、二〇〇〇万人の犠牲を甘受したクレムリンのことゆえ、自分が世界の支配者になれるという目的のためなら、核戦争で二、三〇〇〇万の犠牲は、十分許容しうる限度内の犠牲である、と、かれらは考えるにちがいない。

ましてや、その許容できる犠牲をゼロにちかく減少できる完全防御システムが完成されたならば、かならず、戦争をいどんでくる。いまでも、そう信じている戦略専門家が多いのである。つまり、日本とちがって、米ソのように、極限にちかい攻撃能力（矛《ほこ》）をもちながら、「時間のおくれ」をともなって、一方のみが完全防衛システム（盾《たて》）を完成するか、完成する見通しがでてくることは、現在よりはるかに危機感をたかめる。

まさに矛盾である。

日本のように、憲法上も、戦略上も、専守防衛に徹し、攻撃型兵器をもたない国は、精密誘導装置（ＰＧＭ）、レーザー、ビームなどの組みあわせによって完全にちかい専守防衛型システムを完成しても、それは日本の自衛に貢献しこそすれ、危機を醸成するおそれはない。ここでも、われわれは「憲法」に感謝しなければならない。この現代戦略のパラドックスがもっともよく示されるのが、シェルターの例である。ここでも、海峡封鎖のケースと似て、問題は、いつ、いかにして、大都市住民を動員し、その大半をシェルターに退避させるかのタイミングの問題である。

核戦争がはじまった事後に、あわてて、シェルターへの退避命令をだしても意味がない。戦争が開始される以前に、シェルターへの退避の決定をくだし、それを住民に伝達し、動員しなければならない。かなりのリード・タイムを見つもって、事前に（おそらく最低、四八時間以前に）、退避命令を市民に伝える必要がある。だがこのシェルター退避命令こそ、核先制攻撃の意図を相手国にしめす、もっとも確実な合図（シグナル）になる（トーマス・シェリング『軍備と影響力』一九六六年、エール大学出版部参照）。

もしアメリカがなんらかの軍事的必要性から、敵の核サイロ、通信施設にたいして核先制攻撃を決意せざるをえない状況にたちいたったとき、なまじシェルターがあれば、第二次世界大戦中コベントリー市民にたいするチャーチル首相の立場のように、苦しいディレンマに直面するにちがいない（『歴史と戦略』第V章参照）。シェルターへの退避命令は、アラート（戦略システムの警戒態勢）指令や非常事態宣言などよりもはるかに緊迫した事態を相手国につげるサインであり、このうえない攻撃的意図を伝える合図となる。海峡封鎖も、シェルターの例とよく似ている。先にのべたように、平和時における海峡封鎖は、国際法違反であるのみか、このうえない明白な敵対行為であり、宣戦布告にひとしい。だが、地域紛争が拡大して、戦火が極東に飛び火し、米ソの武力衝突がはじまった事後に、封鎖をやっても意味がない（むろん、まったく意味がないわけではない。外洋にでた潜水艦が補給、修理のため、基地にもどることを阻止することはできる）。とすれば、海峡封鎖は、どのようなタイミングでやるつもりなのか。結論的にいえば、地域紛争が拡大し、さまざまな「防火帯」を突破して、極東地区に波及しそうになった「魔のとき」こそ、この海峡封鎖作戦が意味をもちたいへんな攻撃的行為となる。考えてみれば、海ほど、平時と戦時の明確なきれめのない抗争の場がないことに気がつくはずである。その意味で、陸つづきのヨーロッパにくらべて、四方、海にかこまれている日本こそ、安全であると、ただちに考えやすいが、これも大きな幻想である。むしろ陸つづきのヨーロッパでは、空間上、「国境」線という「タブー・ライン」（ケネス・ボールディング）が明確にひかれている。かつて「ベルリン危機」のころ西ベルリン駐留の米陸軍の存在がひとつの「トリップ・ワイヤー」の抑止効果をもったのも、明確な「ベルリンの壁」という「タブー・ライン」があったからである。現在まさか、ワルシャワ条約機構軍やソ連軍が、西ドイツ国内で、米駐留軍といりみだれて演習することはない。しかし日本をとりかこむ領海をはずれた公海上では、海上、海中、空中で、平時といえど、米ソ両海軍がいりみだれて、演習をおこない、潜水艦の追尾ごっこをやり、電子技術の粋をこらしたトロール船やP3Cの情報戦がおこなわれ、影響力行使の姿をかえた戦争がはげしくたたかわれている。大韓航空機撃墜事件は、その現実をはっきりとわれわれに教えた。

いいかえれば、海上は、時間・空間双方で平時と戦時を截然と区別する「タブー・ライン」の明確さを欠く。だからこそ、戦後アメリカ海軍は、ジョージ・ケナンの「封じ込め」戦略を歓迎し、冷戦を推進する主体となった。

第二次大戦で確保した情報空間の既得権益をまもり、それを拡張するのに、平和でも戦争でもない「冷戦」という、きれめのない、うちつづく危機状況の世界こそ、海軍の活躍する最適の舞台だからである。われわれは、海上制覇という、グローバルな規模でひろがる、文字どおり冷たい戦争がつづくなかで、シーレーン防衛とか、海峡封鎖の「ことば」におぼれて、平時から有時にうつる「魔のとき」にひそむ陥穽《かんせい》に盲目となってはいないだろうか。

V　戦略的思考――死《デッド》こそ赤《レッド》への近道

つぎの世界戦争がおきるとすれば、第一次大戦と似たタイプの戦略的誤算からであろうと、戦略専門家は指摘する。その誤算の根源にはクラウゼヴィッツの誤読があった。もしつぎの大戦がおきるとすれば、おなじくクラウゼヴィッツの誤解からであろう。二十世紀において戦争こそ革命への触媒であり、戦争のかえり血は赤いのだ。

第一次大戦の教訓

一九一四年八月三日、ドイツ軍がベルギー国境をこえて、第一次大戦の火ぶたがきられてから、今年（一九八四年）でちょうど七〇年目にあたる。

ヨーロッパを襲った未曽有の大災厄にたいする、われわれ日本人の関心のなさは異常といってよく、われわれの戦略的思考の大きな盲点となっている。あの当時、日本人にとってヨーロッパ大戦は、いわば火事場泥棒の機会を意味したにすぎなかった。それからなにものをも学ばず、日露戦争当時の戦争観で第二次大戦に突入してしまった。こんにちでも、さる八月三日で七〇周年をむかえたことにふれた記事さえ、ほとんど見かけなかった。

だが、多くの欧米の戦略研究者が指摘しているように、もしつぎの第三次大戦がおこるとすれば、それは「ミュンヘンの教訓」のしめす対ソ宥和《ゆうわ》の危険からより、第一次大戦をまねいたのと同じタイプの戦略的誤算からであろうといわれている。

第一に、当時オーストリア、ドイツ、ロシア各国は、自国の国際的地位の低下をまねくくらいなら、戦争に訴えても国家の力と威信を守らねばならないと決意を固めていた。オーストリアはバルカン諸国に勢力を伸ばそうとするセルビアの挑戦を粉砕する必要があると信じ、ロシアはロシアでバルカン地域でのオーストリアの勢力拡大を阻止しなければならないと考えていた。どこよりもドイツは、バルカンで、増大するロシアの脅威に危惧の念をふかめていた。フランス、イギリス各列強も戦争不可避を信じ、軍備拡張に狂奔していた。

こんにち、米ソ両超大国がデタントより対決の姿勢こそ、両陣営内部の脆弱《ぜいじゃく》化をくいとめ、力と威信の低下をふせぐ最善の途と信じて、軍備増強にしのぎを削っているのと、そっくりである。ところが、その結果は、どうであったか。ロシアとドイツに革命が勃発し、オーストリア・ハンガリー帝国は解体した。一三〇〇万におよぶ死者をだしたヨーロッパは、その巨大な内戦のなかから、スターリン、ヒトラー、ムッソリーニなどの怪物をうみだした。この革命状況から第二次世界大戦が誘発され、連合国側は、フランケンシュタイン（ヒトラー）を倒すには、ビヒモス（スターリン）とも握手しなければならなかった。そして五〇〇〇万人の犠牲を支払って得たものは何であったか。西ヨーロッパにとって、それは東ヨーロッパをビヒモスの手にゆだねることであり、大英帝国にかわって、アメリカ合衆国というリバイアサンが世界の覇者としてたちあらわれることであり、旧植民地の崩壊から生じた、多くの周辺諸国をゴーレムの手にゆだねることでしかなかった。

まさしく、「われわれの世界は、フランケンシュタイン、ゴーレム、ビヒモスの住む怪物の世界」（G・W・E・ハルガルテン『独裁者』）なのである。このパンドラの箱を開けたものこそ戦争であった。レーニンが洞察したように、戦争こそ、革命をうむ最大の機会なのである。

第二に、当時、ヨーロッパ諸列強の政治家、軍人は、きたるべき戦争は、短期決戦におわると信じていた。ドイツ参謀本部の有名なシュリーフェン計画は、六週間でフランスを降すと想定していた。当時の高度に産業の発達したヨーロッパでは、人命の損失、財政の負担から計算して、ぜいたくな長期、持久戦は破滅的であると信じられ、迅速に敵の主力を撃滅する機会を見つけなければならないとされていた。ただし、シュリーフェン計画の原案を策定したシュリーフェン自身は、さすがフォン・クラウゼヴィッツの弟子らしく、もし短期決戦が失敗したら、すみやかにフランスとの和を講じ、「交渉による和平」（いわゆる「暫定協定」）にきりかえる計画がつけ加えられていた。だが、ひとたび巨大な戦争マシーンが動きだし、マス組織の歯車が始動しはじめるや、なんぴとも予想していなかった機構の惰性が生じた。しかも、十九世紀後半から急速に普及しだした大衆新聞のかきたてる好戦的愛国主義（ショーヴィニズム）のフィーバーは、さながらロサンゼルス・オリンピックの数十倍の情緒的圧力をうみだした。戦争の被害が大きくなればなるほど、各国民は、その犠牲の大きさに見あった成果（敵に対する無条件降伏）を求めて、とめどもなく戦争はエスカレートし、途中でやめることは不可能となった。

さる八月二十五日付（一九八四年）の「ニューヨーク・タイムズ」紙が報ずるところによると、現レーガン政権下の米軍の継戦能力は、三〇日である。これを六〇日に倍増することを考えているという。米国防総省のローレンス・コーブ兵力施設補給担当国防次官補は同紙とのインタヴューで、第二次大戦規模の通常戦争をおこなったばあい、手持ちの物資だけで三〇日の継戦能力があることをあきらかにした（英『エコノミスト』誌が指摘していたように「世界的紛争の場合、これでは、早めに核使用の必要を感じるのではないか」という不安は否定しがたい)。

一九六〇年以降、アメリカは、国民むけ、同盟国むけには、各種のニュー・ファッションの抑止戦略ドクトリンを喧伝してきたが、統合参謀本部は一貫して、対ソ核戦争にそなえる作業をすすめてきたことは、その道の専門家のいわば常識に属する。それが極秘の「単一統合作戦計画」(SIOP)といわれるものである。われわれが「西側の一員」となることは、自由経済体制を共有するグループの一員であることの確認ではなく、NATOとともに、このSIOPの一環に組み入れられて、積極的な防衛責任分担を担うことにほかならない。いわゆる「暫定協定」戦争プランも、ワインバーガー=レーマン長官のいう、「エスカレーション制御」と「被害限定」による短期の核限定戦争論の日本版である。一方でつとめて核戦争の敷居をこえることを抑制しつつ、多正面の世界戦争をたたかい、迅速にこれに勝ち、戦争をすみやかに終結させることを目的としている。

まさかとおもう人は、岡崎久彦氏の先生にあたるサミュエル・P・ハンティントン教授(ハーバード大学国際問題研究所所長)のつぎの言を味わう必要がある。「一九八〇年代に合衆国が、戦争にはいる確率は高い。アメリカの戦略的任務は、一九八〇年代の制約条件を考慮にいれて、いかにして合衆国が、この戦争に勝ち、同時に、より悪《あ》しき戦争(核戦争のこと)を抑止するかを決定することである」と近著(第一章)の末尾をむすんでいる

（S・P・ハンティントン編『さしせまった戦略的課題』一九八二年、バリンガー）。

第三に、七〇年前、各列強の指導層は、ひとしく攻勢的な軍事ドクトリンにとらわれていた。ナポレオン戦争から普仏戦争にいたる戦訓と、フォン・クラウゼヴィッツの完全な誤解によって、「攻撃こそ最大の防御なり」の原則を信じ、敵の先制奇襲をなによりもおそれていた。当時、兵力（戦力）とは、剣銃の数ではかられる兵隊の数（現代では、核・通常兵器の数量比率、「明白な優位」とかラフ・パリティとかいわれているもの）であり、いかにして重要な地点（決戦場）に、敵よりも迅速に兵力を集中するか、その密集部隊の量が勝敗を決するものとかたく信じられていた。

ところが、クラウゼヴィッツ自身は、「数における優勢を唯一の法則とみなし、一定の地点に数における優勢をもたらすことこそ兵学の奥義であると考える」ことが、「きびしい生の現実とまったくあい容れない偏狭な見解」にすぎないと、当時流行していたジョミニ流の幾何学的な戦略論をきびしく批判していた。しかも、交通と輸送の発達で敵もまた、おなじ重要地点に、おなじ数の兵力を、おなじ速度で集中しうるという自明の事実に当時の参謀本部は気づかなかった。

現在の危機下では、米ソ両国政府とも、敵の先制核攻撃をおそれる強いプレッシャーに支配される。迅速な意思決定をせまられる必要性から、なるべくすみやかに敵の攻撃能力を無力化し、有利な戦略的地位を確保したい強い誘惑が生じうる。これも第一次大戦前夜の危機という「魔のとき」ときわめて似ている。

危機に直面すると、戦争は不可避にみえてきて、ほかにとりうる選択の余地がほとんどないかのようにみえてくる。このとき、政治指導者や外交官の手から軍人の手にバトンがわたり、「勝利」をめざす軍事的合理性の論理のみがすべてを支配する。軍人の目には、外交交渉や話しあいによる紛争の平和解決は時間の無駄にしかみえなくなる。

ここでもフォン・クラウゼヴィッツの『戦争論』の誤解があった。彼は、いわゆる軍事的合理性とか、「軍事的計算の自律性」とかいわれるものをハッキリ否定していた。「勝利」は、「戦闘」レベルの「戦術」目標ではあっても、政策（平和の達成）に従属するべき「戦略」の目的ではないということこそ、クラウゼヴィッツの戦略思想の根幹をなすものであった。したがって、ダグラス・マッカーサー元帥の有名な「勝利にかわるものはない」ということばほど、クラウゼヴィッツの戦略観とあい反するものはなかった。

誤読されたクラウゼヴィッツ

私見によれば、もしつぎの戦争がおきるとすれば、第一次大戦のときとおなじく、フォン・クラウゼヴィッツの誤解からであろうと信じている。昨年（一九八三年）惜しくも亡くなったレイモン・アロンは、彼の『クラウゼヴィッツ論』（二部、邦訳）において、その徹底的な精読を通じて、その歪曲、誤解をただし、ゲーテにも比すべき全人的なクラウゼヴィッツの人格と思想の全体像をあきらかにした。

今日、わが国でも、戦略論がひとつの流行になろうとしている。だが、世にいう戦略論というのは、せいぜい佐官クラスの戦術論であるか、危機管理の「ハウツー」ものにすぎない。将官レベル、まして国家戦略やグランド・ストラテジーの次元に達した広い視野と哲学の深みをもつものは、きわめてすくない。だからこそ、企業の上中級管理者層が、戦史をよみ、組織と戦術、人事管理のノウハウを学びとろうと、その技術論がうけているのであろう。

フォン・クラウゼヴィッツは、彼の『戦争論』の序文（一八一六年と一八一八年のあいだに書かれた戦争論の未公刊草稿）で、その当時、軍の参謀や高級将校によく読まれていた戦略論が、「平凡な、ありふれた、おしゃべりの集積にすぎない」ことをつき、その戯画ともいうべきものとして、リヒテンベルクの「火災対策論」を引いている。要するに「ある家庭で火事がおきたばあい、火災の右側にあるときは左側を、火災が左側にあるときは、右側を保護せよ」といったたぐいの危機管理ノウハウである。

これはあたかも、ミッドウェー海戦の失敗について、日本海軍が多年にわたって教えこんだ、「右砲戦、左警戒」という戦闘上の原則を忘れたことにあったと指摘するたぐいのものである。

故ゴードン・W・プランゲは、アメリカ海軍大学校の教えている204SMEC方式とよばれる作戦評価方式にてらしてみて、ミッドウェー作戦失敗の責任はただ一人、山本五十六長官に帰せらるべきと結論づけている。「あと知恵」から南雲中将その他についていろいろいわれていることは、大方、結果論にすぎず、いかなる戦闘にもともないがちな錯誤やミスにすぎない。

これもクラウゼヴィッツが口をきわめて力説したことであるが、机上の作戦やウォーゲームとちがって、実戦での判断は、不確実性と時間の重圧をともなう戦雲状況での決断である。いかなる現場指揮官にも、ミス、予見しがたい事故、情報のゆがみ、とくに運、不運がつきまとう。これらをすべてひっくるめて、クラウゼヴィッツは、「摩擦」(フリクション)とよんだ。したがって、この「摩擦」にもかかわらず、大局としてみたとき、戦略があやまっていないときには、それらの「摩擦」はいわゆる「計算されたリスク」として一定の許容範囲にとどめうる。

また実際の戦闘は、運、不運、チャンスと賭けの支配する世界である。その流動する混沌状況のなかで、突然、切れめをみせるチャンスをつかみ、凶を転じて吉とするのには、指揮官の知性と勘——クラウゼヴィッツが、軍事的天才とよんだもの——が必要となる。マキアヴェリが、フォルトゥナ（幸運）の神は、女神であるがゆえに、実力（ヴィルトゥ）をもって果断にすすむものの側にほほえむといったのも、そのことである。

戦力比からみたら、どう転んでも日本側の勝利か、わるくいって五分五分の勝負となるべきところ、米海軍に勝利の女神がほほえんだのは、いつにかかって第十六機動部隊指揮官のスプルーアンス提督の知性と果断によるところ大である。

また、日露戦争のころ、運のつよい東郷〔平八郎〕司令長官と知能抜群の秋山〔真之〕参謀の名コンビをえらんだ山本権兵衛海相のように、スプルーアンスとフレッチャーの名コンビをくんだニミッツ提督の的確な判断力を見すごすわけにはいかない。

私は太平洋戦争でもっとも印象ぶかい名提督を一人あげろといわれれば、第十六機動部隊指揮官スプルーアンスをためらうことなくあげる。しかも、スプルーアンスは、謙虚に「われわれは運がよかった」とだけ述べている。彼ほど自己宣伝と大言壮語をきらった控えめな人物はなかったが、彼自身の右の言は、まさしくミッドウェー海戦の真相をかたっていたといっていい（ゴードン・W・プランゲ『ミッドウェーの奇跡』千早正隆訳、一九八四年、原書房参照）。

フォン・クラウゼヴィッツの『戦争論』は未完の書であるばかりでなく、ナポレオン戦争に参加した彼自身の体験と豊富な戦史の知識からにじみでる洞察を簡潔に、一切のペダンチックなジャーゴンをさけ、書きつづったアフォリズムの集積のようなものである。名のみ引用されて本当に全内容を通読し、全体を理解したひとがきわめてすくない点では、マルクスの『資本論』やケインズの『一般理論』などの古典とおなじであろう。かつてポール・サミュエルソンが『一般理論』を評した語はそのまま、クラウゼヴィッツの『戦争論』にも妥当する。それは、けっして体系的でも論理的に整然と書かれたものでもないが、「まぎれもなく天才の書」である。

彼はなによりも啓蒙思潮流の合理主義と、エセ科学主義をきらった。戦史にあらわれた個々の会戦や戦闘ケースをあつめ、そのケースのおかれた歴史と政治の文脈からはなれて、共通の一般原則をみちびきだし、行動の指針にするようなことを心から軽蔑していた。

彼のいう「戦略」とはなにか。「戦略は、戦闘なしには、むろんありえない。戦略は、戦闘を手段として利用し、適用することにあるからである。あたかも戦術が、戦闘における兵力の運用であるのと同様に、戦略は戦闘の運用である――すなわち、戦略とは単一の会戦をひとつの全体にむすびつけること、つまり戦争の究極の目的にてらして、個々の戦闘を運用することにほかならない」

では、戦争とはなにか。「戦争は、他の手段による政治（政策）の継続である」。戦争は目的と手段の連鎖からなる有機的全体たる政治の一断面にすぎない。「戦争は、ひとつの有機的全体とみなさなければならず、その肢節をバラバラに切りはなすことはできない」

戦争は、人間の営みであって、論理学や数学に類した厳密科学の対象ではなく、ひろくアートに属する。戦争のアートは、政治の芸術家の仕事であって、戦闘の技術や、用兵が、職人の仕事であるのと対蹠《たいせき》的である。

開戦から決戦をへて、やがて講和（平和）にいたる過程は、現代的用語でいえば、ニュートン力学的な線型時間ではなく、有機体（生物）の成熟過程（成熟時間）に似ている。断片的な「戦闘」や「会戦」をいくら積分しても戦争にはならないし、有機的全体たる戦争を微分しても、個々の戦闘や会戦にはならない。

戦争はカメレオンのように千変万化し、複雑きわまる仕事であるうえ、ごく短い時間に決断をせまられる。それはまさしくナポレオン・ボナパルトの天才を必要とする。

「その意味でボナパルトが、この戦争の芸術《アート》をニュートンのような学者でも、しりごみするかもしれない数学上の難問に比較したのはまったく正しい」。彼は、しばしば、植物の成長過程の比喩をつかって、戦争を説明し、「樹を見て森を見ない」戦略観をことのほかきらった。

以上の文脈にてらしてみれば、「戦争は他の手段による政治の継続である」という有名なテーゼの意味するところが明白になってくる。すなわち、戦争の目的は、「平和」であって、「勝利」ではない。「勝利」は、個々の「戦闘」レベルの作戦目標にすぎない。いかなる戦争遂行中といえども、「平和」達成という究極目的にむけて、その一手段としての軍事力を統御しなければならない。

「人格化された国家の知性」（簡単にいえば、ナショナル・インタレスト）を体現する最高の政治指導者（意思決定者）が、その究極目的にむけてつねに個々の戦闘と会戦をがっしりと掌握していなければならない。「軍事計画が、純粋に軍事的な判断にゆだねらるるべきと考えることは許せないこと」であり、「有害でさえある」。彼くらい「統帥権の独立」とか、「純粋に軍事的計算」とかいうものを嫌悪したものはいない。

だから「内閣の一員にやむなく軍人をくわえるときは、総司令官級の軍人を参加させるべき」である。「もっとも危険なことは、総司令官クラスの最高位以外の軍人が内閣に列して影響をおよぼすばあいである」（傍点永井）

クラウゼヴィッツが、「他の手段による」といった意味は、つぎのことである。つまり開戦後といえども国家は他の国家（交戦国をふくむ）と外交交渉を通して、外交文書、通牒を交換しあい、政治的なやりとり（象徴過程）は継続しており、軍事的な事件の流れ（実物過程）は、開戦から講和まで継続する有機的全体たる政治の流れの一部にすぎない（巻末・第八篇「戦争計画」論）。ここから、こんにちの凡百の核抑止理論をはるかにこす天才的洞察がうまれる。——「軍事力による決定は、その大小をとわず、戦争におけるすべての作戦にとって、いわば信用取引きで、現金支払いをするようなものである」（ちなみに大英帝国の勢威と安定は、めったに現金支払いをしなかったことによる）

たとえ外交文書や通牒の交換がとだえても、政府間の交流は継続している。「外交には、戦争とちがった特有の文法はある。しかし、特別な論理というものはない」。したがって、ナポレオン戦争のような軍事力の集中的表現、その闘志と対抗精神が極限にちかい形態に達したかにみえるときこそ、それはもっとも政治的なのである。

ここに、クラウゼヴィッツの『戦争論』のポイントがある。そして多くの職業軍人、戦略理論家がクラウゼヴィッツを誤解した根源がここにある。彼の『戦争論』は、戦争の目的が「平和」（講和の締結）にあるといいながら、なぜ、他方で、戦争の目的は、「敵主力の壊滅にある」といったのか。とくに巻末の「戦争計画」論（第八篇）で、「戦争の目的は本来、敵主力の壊滅でなければならない」と断言している。クラウゼヴィッツの弟子であるシュリーフェンは、この「戦争計画」論にヒントをえて、西部戦線へ主力を集中する短期決戦計画を策定した。

要するに、彼の生きていた時代、主力を打ち破ることが、講和（平和）の早期達成にもっとも無駄のない戦争方法であったからである。

第八篇、第四章でその点を的確に論じている。

「敵主力を壊滅させるためには、かならずしも敵国の領土を全部占領、支配する必要はない。大切なことは、その力の全体の中心——つまり力の重みがかかっている中心部、力と運動の重心にむけて総力を集中して、それをきりくずすことである」（傍点永井）

まさに柔道の極意である。

彼が指摘しているように、当時、力の重心は「首府」にあった。国家の重心たる「首府」に攻撃を集中し、そのバランスをくずし、よろめかせ、ふたたび力の平衡を回復させる時間の余裕を与えてはならない。攻撃は、敵の政治力（国家意思）全体をめざすべきであって、部分、部分の局地占領や、領土全体を支配するなどの無駄なことに力を分散、浪費してはならない。

また、軍事行動には、空間の次元だけではなく、時間の要素がある。敵の抗戦意志をくじく仕事は、時間の経過にともなって、敵の抵抗をまし、いっそう困難となる。

「絶対戦争」の意味

ここでクラウゼヴィッツの論点を当時の歴史的文脈のなかで正しく把握する必要がある。つまり、一般にウェストファリア体制と国際政治学上よばれているシステムは、物理学上の比喩をつかえばニュートン力学的な「質点の力学体系」にちかいものであった。三十年戦争（一六一八〜四八年）がフリードリヒ大王の戦勝で終結をみて、その戦後処理のため開かれたウェストファリア会議（一六四八年）以降、徐々に西欧で確立されていった「戦争の制度化」システムが、勢力均衡システムといわれるものであった。この体制が確立されることによって、それ以前の血なまぐさい野蛮な宗教戦争や内戦という「最悪の党派的闘争形態」（マックス・ウェーバー）は、克服され、はじめて国家が主役を演じる、いわば「決闘」のような「制度化された戦争」が出現することになった。

この体制は、ほぼ五つくらいの行動主体（主権国家）からなっていた。これはパリ、ロンドン、ウィーン、ベルリン、モスクワといった首府が文明の中心地域（力の重心）をかたちづくり、その首府と首府のあいだに、あまり住民のいないフロンティアがあった。当時の戦争は、一般市民（非戦闘員）のすむ政治の中心たる首府を守るために軍事力（主力部隊）が存在し、その周辺で野戦が展開された。したがって、ナポレオンが成功したように、野戦（機動戦）で敵主力を捕捉、包囲殲滅《せんめつ》すれば、クラウゼヴィッツのいう「確率の法則」で、その国全土を占領し、支配する必要はなかった。首府の市民総武装かゲリラ抵抗戦のリスクが生じないかぎり、武装解除された首府（政治の中心）が、和を講じるのは文明国では確率の問題であった。この種の戦いが、もっとも「きれい」で、兵力の効率的な使用であり、それが迅速で決定的であればあるほど、武力抗争の長期化にともなうなまなましい相互の憎しみ、復讐心、敵対意識をミニマムにとどめ、戦後の「よりよい平和」が保証される。

逆からいうと、クラウゼヴィッツがもっとも嫌悪しおそれたのは人民総武装とかゲリラ戦の「きたない戦争」であった。しかし、ナポレオンのモスクワ遠征でのロシア民衆の抵抗で、その可能性を予感し、文明の将来にふかい憂慮をかくせなかった。

クラウゼヴィッツは、紳士間の「決闘」か、西部男のけんかのように男らしく、対等のルールで、敵の急所（首府を守る主力）に一発かまして、気絶させ、相手方をひきおこしてにっこりわらって握手する、そして、以前にもまして仲良くなる、といった、きれいな戦争をモデルとして、あたまに描いていた。

これを「絶対戦争」という語で彼はよんだ。これはまた、多くの軍事専門家の誤解をまねいた点である。「絶対戦争」というのは、今日でいう総力戦のことでも全面戦争のことでもない。レイモン・アロンが、いかにもマックス・ウェーバーの研究者らしく、この「絶対戦争」をウェーバーの「理念型」にちかい概念として把えている。戦争に内在する論理が、純粋な形で極相をあらわすものがそれであった。現実の戦争は、過去の因襲、伝統、さまざまな制約要因から、純粋なかたちであらわれることはめったにない。彼によれば、ナポレオン戦争が、この理念型にもっともちかいものであった。

イギリスの有名な戦史、戦略研究者であるリデルハート卿ですら、この点で、クラウゼヴィッツを完全に誤解しているのである。

とくに、リデルハートの『フォッシュ元帥――オルレアンの男』や、『ナポレオンの亡霊』などにみられるクラウゼヴィッツの歪曲、誤解はかなりひどい。「彼（クラウゼヴィッツ）こそ、〝絶対戦争〟ドクトリンの元凶であった。つまり〝戦争は他の手段による国家政策の継続にすぎない〟という議論からはじまって、政策を戦略の奴隷にすることで終っている。これこそ決戦理論の迷妄にほかならない。……クラウゼヴィッツは、戦争の目的のみ見ていて、戦争をこえて、それにつづく平和のことに思いをいたしていない」（『ナポレオンの亡霊』）

これは、完全な誤解である。あたかも俗流ケインズ主義者を批判し戦後の福祉国家の罪を彼に帰すのと同様で、クラウゼヴィッツの誤読による俗流クラウゼヴィッツ主義者であったヨーロッパ諸列強の将軍、参謀への批判として当たっていても、クラウゼヴィッツ批判にはなっていない。が、むろん、マルクスもケインズもクラウゼヴィッツも誤読されることによって、思想は大衆のものとなり、歴史を動かす。したがって、誤解された俗流主義のなかにこそ、本家のかくされた「本質」がグロテスクに拡大されてあらわれるものだという見方も成り立つ。が、クラウゼヴィッツ本人はその逆のことを言っているのである。彼にとって戦争は、つねに、戦後の、よりよい平和——攪乱《かくらん》された勢力均衡を回復し、よりよい平衡状態を準備することにほかならなかった。したがってクラウゼヴィッツ自身、「限定された目的をもつ戦略」についても明晰な分析を加えている。

　以上のべたことでもわかるように、クラウゼヴィッツが想定した純粋な戦争が成功する戦略環境は、文明の中心地域と辺境という空間上の区別がはっきりしていて、首府が政治力の重心として存在している「質点の政治力学体系」があった時代にのみ妥当する。

　その「質点の力学体系」は十九世紀後半から二十世紀にかけて、しだいに「場の力学体系」へうつりつつあった。すでにクラウゼヴィッツは、「全体性」という概念に対比して、「分極性」という方法論上の概念をもちいて、攻勢と防御、戦略と戦術、目的と手段などの弁証法が織りなす有機的全体性が、バランスをうしなって、分極化する可能性（こんにちでいうところのゼロサム・ゲームや「非対称紛争」を予感し指摘している。

たとえばナポレオンのロシア遠征である。これはナポレオンのもつ戦略目的が、ロシアの広大な空間にさまたげられ、ロシアとの関係で嚙みあわず、決戦とはならなかった。首都モスクワの占領も、和平につながらなかった。なぜなら、モスクワは、広大なロシアというパワーの重心ではなかったからである。日本軍もまた中国大陸に介入し、上海、南京など、点と線をおさえたが、それは中国政府との和平達成にはつながらなかった。ヒトラーの初期電撃作戦は、クラウゼヴィッツのいう絶対戦争にちかく、フランスとの早期和平を達成したが、イギリスとロシアにたいしては、無効であった。日本海軍は、アメリカの力の重心でもないハワイを攻撃するという愚行にはしった。フランス軍もアメリカ軍も、インドシナで、統治不可能空間のブラック・ホールに吸いこまれた。

現代世界は、まさしくニュートンの「質点の力学」的世界ではなく、アインシュタインの「場の力学」的世界になってきているからである。

二兎を追うな

バーバラ・タックマン女史がその命名をたかからしめた『八月の砲声』（一九六二年）は、

一九一四年オーストリア・ハンガリー帝国がセルビアに宣戦布告した七月二十八日から、八月三日、ドイツ軍のベルギー国境侵攻までの約一週間の息づまる「危機の外交」をえがいてベストセラーになった。

そのころ、ケネディ大統領は、本書を愛読して、危機に直面したとき、「なにもしないこと」こそ最大の危険をまねくという教訓を学び、一九六二年十月二十二日夜の演説で、「ミュンヘンの教訓」をひいて、キューバ危機に対処したといわれている。そのおなじケネディが、ベトナムでは「なにもしないこと」が、ながい目でみたとき、当面の「なにかすること」の危険より高くつくと判断してベトナム介入の愚行によろめき入った。

考えてみると、第一次大戦当時ヨーロッパ諸列強も、ケネディ大統領のベトナム介入も、わが山本連合艦隊司令長官が、ミッドウェー海戦で致命的な失敗をおかしたときも、その軍事能力がピークに達したときであった。したがって、「圧倒的な力の優位があるときには、戦略など要らない」どころか、そのときこそ深慮と戦略がもっとも必要となるときかもしれない。

その力の優位が、おごりと油断を生むということもむろんあるが、戦略論的にみると、能力の明白な優位にあるときには、多様な選択の自由がゆるされるからである。このため、「目標の単純性」というクラウゼヴィッツが説いた実力行使の要諦が見失われがちになる。

あれもこれもと欲ばるため、「二兎を追うものは一兎をも得ず」となる。

第一次大戦でも、参謀総長の小モルトケは、シュリーフェン計画を修正して、西部戦線一本にしぼらず、東部戦線を強化し、二正面作戦の失敗におちいった。

ミッドウェー作戦の失敗が、基本的に両立しない二つの目標を追求したことにあるのは、こんにちほとんど常識となっている。すなわち、ミッドウェー攻略と、ニミッツの敵艦隊の撃滅である。前者の目標達成には、陸上の大会戦に似た最適の気象条件、地形、攻撃能力など周到な計算にたつ固定プランが要求される。これにたいして後者のばあいには、たえず動きまわる敵機動部隊を捕捉し、撃滅するため、このうえない機動性と柔軟性が必要となる。山本長官のたてた計画は、このあい反する二つの目標の優先順位すら不明確であったうえ、二つのまったく異なった目標に適合した手段の配分、編成の点でも、あいまいさが色こくまつわりついていた。

アメリカのベトナム戦争では、二つのあい矛盾する戦略目標どころか、当初から、およそ六つの目標を同時に追求した。これは、限定戦争やゲリラ対抗作戦につきもののフロントの多次元性によるものであった。

第一に、ベトコンにたいする北ベトナムの軍事支援や、補給ルート（いわゆるホーチミン・ルート）を絶つこと。第二に、南ベトナムの暴動、テロの鎮圧。第三に、民衆の心を獲得する政治心理戦に勝つこと。第四に、南ベトナムの政治、社会改革をおしすすめて、秩序の安定をはかること。第五に、中ソ両国の支援を極小化し、その直接介入を抑止すること。第六に、アメリカにとって許容できる外交的解決に達すること、である。これらの六つの目標は、それに適合した手段の編成の点で、微妙に食い違っていた。とくに軍事目的と政治目的は水と油のようにあい容れず、ある目標達成に一時成功したようにみえても、他方の次元で不成功となり、アメリカ政府も国民も、状況に応じて、ペシミズムとオプティミズムのムードに支配されることになった（くわしくは『歴史と戦略』第Ⅵ章参照）。

さらに現代アメリカの対ソ戦略はどうか。もっと、せまく限定して、アメリカの核戦略をみても、六つどころか、ほぼ七つくらいの目標を同時に達成しようとしている。いわゆる「オーバー・キル」といわれるさまざまなタイプの核の膨大な保有量は、いわば、その結果といっていい。

くわしくは、最近でた、ハーバード核研究グループ『核兵器との共存』（前掲）をみていただくほかないが、つぎの七つの戦略目標を同時に達成しようとしている。第一に、アメリカの本土にたいするソ連の核攻撃を抑止すること。第二に、NATOや日本などの同盟諸国にたいして、核の傘をさしかけ、核または通常兵力によるソ連の攻撃を抑止すること。第三に、国際危機に直面したとき、米ソ両国政府が先制奇襲にでる誘因をのぞき、危機を安定化させること。第四に、抑止が失敗したとき、アメリカおよび同盟諸国にたいするソ連の攻撃を撃破し、その被害をミニマムにとどめること。第五に、抑止に失敗して、戦争がはじまっても、できるだけ早期に終結させること。第六に、平時におけるアメリカの対外交渉力をつよめ、ソ連による核の恐喝をふせぐこと。第七に、軍備管理交渉で、アメリカの交渉能力をたかめ、協定を有利にみちびくよう取引き材料（いわゆるバーゲニング・チップ）を提供すること、などである。

ここでくわしく説明する余裕はないが、これらの七つの目標はかならずしも一致せず、二つの目標間にいわゆるトレード・オフの必要が生じることはさけがたい。またどの目標を優先させ、他を犠牲にするかで、空海両軍間にあつれきが生じうる。最近では、陸軍までが、この核兵力の縄張りあらそいに参入してきた。陸軍虎の子のパーシングⅡの西ドイツ配備をめぐる問題を、たんなる戦略上の問題とのみみなす人は、アメリカのいわゆる官僚政治の内幕によほどうとい人であろう。

さらに、それぞれの戦略目標の優位を理論づけ正当化するため、あたかも中世教会の既得権益を守る神学者のように、核抑止理論家が、その精緻な、神学論争にふけることになる。以上、七つの目標は、せんじつめれば、アメリカの基本的核戦略目標が、「抑止」にあるのか、「勝利」にあるのか、ということにつきる。かくて、現代の最大の危機は、「べトナムの失敗」から誤った教訓を学んだウィニング・スクールの出現である。つまり、あいまいな複数の政治目標のもとに、力を小出しに限定して使うという失敗にあったことを反省し、これからは、単純明快な「勝利」をめざして、核兵器の使用すらもその目標に従属せしめるべきと考える、ネオ・ナショナリスト、ネオ・クラウゼヴィッツ主義者といわれている軍事理論家があらたに登場してきたことである。現レーガン政権は、これらの戦略理論で武装されている。

キャスパー・ワインバーガー国防長官が、「もしわれわれが勝ちたいとおもうほど重大な戦争でなければ、戦争をはじめるほどの戦争ではない。……勝つつもりの戦争でなければ、二度とふたたびわが国が参戦することはないであろう」と明言したのは、ベトナムの教訓から得た、ウィニング・スクールの代表的意見といっていい。ジョン・レーマン海軍長官も、「もし成功するつもりであれば、戦争をたたかい、勝つ能力をもたなければならない」と断言している。戦略空軍司令官のベニー・デイビス将軍は、すくなくとも二年まえに、相互確証破壊（MAD）戦略は放棄され、現レーガン政権の政策は対兵力（カウンター・フォース）にもとづく、戦争遂行能力の保持にあることを明言している。

私の率直な印象では、これらの指導者は、あたかも第一次大戦直前のヨーロッパ諸列強の軍指導部にそっくりである。すなわち、ナポレオン戦争以降、一〇〇年の平和がつづくなかで、自らが指揮し管理すべき巨大な軍事機構がどのようなものになっているかをまったく知らず、戦場から遠くはなれた作戦室で、地図をまえに、前線指揮官の通信・連絡によって大量の兵力と資材を自由に駆使できるかのような幻想にとらわれていた将軍、参謀たちをほうふつとさせる。

十九世紀末、すでに戦略は、ナポレオンや大モルトケの時代のように、現場感覚による「臨機応変の体系」（大モルトケの言）でなく「巨大官僚機構の惰性」に変化していた。

現代の限定持久核戦争では、大統領はじめ首脳部が地下ふかく掘りさげた堅固な作戦室にこもって、いまや宇宙大の情報空間にひろがる複雑な電子、通信、コンピュータのシステム網を介して、紛争を限定し、勝ち、なるべく迅速に戦争を終結させる、という「大いなる幻影」にふけっている。すなわち、かれらは指揮・管制・通信・情報システム――いわゆるC^3I帝国の捕囚と化しつつある点で、第一次大戦当時と比較にならないほど危険なものとなっている（この点については、ピーター・プリングル／ウィリアム・アーキン共著『SIOP――アメリカの核戦争秘密シナリオ』山下史訳、朝日新聞社参照）。

とくに、第一次大戦から学ぶべき最大の教訓は、戦争のもたらす結果である。クラウゼヴィッツが洞察したように、戦争の目的は、開戦以前に比べて「よりよい平和」を回復することでなければならない。ところが、第一次大戦でなんぴとも制御不可能になった戦争マシーンは一三〇〇万人の犠牲者をのみこみ、ヨーロッパの得たものは、前述のように巨大な内戦と革命でしかなかった。

ドイツの慧眼《けいがん》な政治思想家カール・シュミットは、彼の有名な『パルチザンの理論』(一九六三年)の末尾で、つぎのように述べている。――「一九一四年において、ヨーロッパの諸国民と政府は、生々しい憎悪をともなうリアルな敵対関係もないまま、第一次大戦へよろめき入った。リアルな敵対関係は、戦争を遂行していく過程それ自身からはじめて生まれた。そして、その戦争は、ヨーロッパ国際法で規定された、在来型の国家を主役とする戦争として開始され、けっきょく革命的な階級的敵対関係に分裂した世界的内戦でもって終結をみたのである」

歴史によくある「意図」と「結果」のギャップをこれほどまでに示したものもないであろう。戦争こそ共産革命の触媒である。これは、レーニンから毛沢東にいたる革命理論家の洞察であり、二十世紀はそのことがまぎれもない真実であることを実証した。

だからこそレーニンは「革命は、他の手段による戦争の継続である」と、クラウゼヴィッツの戦争論を歪曲、転倒して、クラウゼヴィッツがもっとも恐れていた野蛮と非文明の時代をひらいてしまった。

死《デッド》こそ赤《レッド》への道

日本軍の中国内戦への介入は中国共産党の勝利を加速したし、フランス、アメリカの軍事介入なしに、ベトナム、カンボジア革命の生き地獄はなかったであろう。また、ヒトラーは対ソ戦（バルバロッサ作戦）の挫折で勝利を得られぬことがわかっても、暫定協定などに見向きもせず、その引きのばされた戦争状態を、ユダヤ人、スラブ人などの大量虐殺の機会に利用した。したがって、レーニンから毛沢東、チェ・ゲバラなどの革命戦争論をよんだことのない人が、「赤《レッド》になるくらいなら、死《デッド》をえらぶ」などという。「赤《レッド》か死《デッド》か」はけっして二律背反ではない。むしろ、「死《デッド》こそ赤《レッド》への近道」なのである。自由は生命よりも尊い。ソ連に支配されて、日本を文字どおり強制収容所列島にするくらいなら、たとえ戦争のリスクをおかしても、ソ連とたたかう決意を固めるべきだという人がいる。だがきたるべき戦争は、核、非核をとわず、確実にグローバルな規模での内戦と共産革命の勝利をもって終幕をつげるだろう。たとえ、モスクワはじめロシア全土が壊滅し、アメリカのいう「勝利」におわったとしても、その惨勝の結果はかわらないであろう。しばしば「暫定協定」におわる限定戦争の好例として、朝鮮戦争があげられる。これは誤りである。三八度線での停戦協定は、「交渉による和平」（「暫定協定」の達成）ではなく、文字どおり一時の休戦にすぎない。想像を絶する犠牲者をだした朝鮮戦争は、北朝鮮が南北を武力統一しようとしてはじめた革命戦争（内戦）であって、北朝鮮がその政治目的を変えないかぎり、真の暫定協定による和平達成はありえない。もともと朝鮮戦争は中国、ベトナム、カンボジアのそれと同様に、ゼロサム・ゲームになるべき可能性を内に蔵していた。もし、南朝鮮の李政権が、南ベトナムのゴー・ジン・ジェム政権のように腐敗し、非能率的な政権であって、内部に革命の芽をはらんでいたら、アメリカ軍の介入をもってしても、北朝鮮軍による全半島の支配を阻止できなかったであろう。

とくにわれわれがおちいりやすい錯覚に、核戦争の帰結があまりにも戦慄すべきものであるため、核戦争が抑止され、通常戦争の段階にとどめうるというと、なにか日清戦争か日露戦争のようなものを想像してしまう。つぎの戦争がどのようなものであるか。たとえば、宗谷海峡をめぐる米ソの攻防戦で北海道が戦火にまきこまれたとき、北海道民がどのようなパニックにおちいり、難民、車輛が津軽海峡に殺到して逃げまどう群衆で、自衛隊の軍事行動がいかにさまたげられるか、そのことを十分に考えたうえで、作戦計画がたてられているのだろうか。第二次大戦のばあい、戦争終結の直前、ベルリン住民数は二五〇万人であったが、たった二週間の市街戦で、そのうち一〇万人が殺され、さらに二万人が心臓発作で倒れ、六〇〇〇人が絶望のあまり自殺した。一般の非戦闘員の犠牲者数は、太平洋戦争の末期の沖縄戦の犠牲者数に匹敵する。

ともかく日本のようなせまい高過密社会では、核兵器をともなわない通常戦争でも、想像を絶する地獄絵が出現することは、多少の想像力のもち主ならだれにでも想像できることである。あの狂信的な戦時の軍指導者も、本土決戦をあきらめて、武装解除と降伏の屈辱を甘受した。あくまでも抗戦し、北海道、本土が戦場になり、戦争がもっと長期化していたら、戦後日本で共産革命が成功する確率は、はるかに高くなっていたであろう。終戦を主張した近衛文麿は戦乱を生きぬいてきた京都公卿のサバイバル本能で、その冷厳な事実を見てとっていた。彼の有名な上奏文に曰く「敗戦だけならば国体上はさまで憂ふる要なしと存候。国体の護持の建前より最も憂ふべきは、敗戦よりも、敗戦に伴ふて起ること あるべき共産革命にて御座候」。

きたるべき世界戦争は、それが核戦争でなくとも確実に食糧、エネルギー、生活必需物資の極端な欠乏をまねく。その稀少資源の配分をめぐって、「万人の万人にたいする闘い」（トーマス・ホッブズ）の「自然状態」が出現しよう。私はいわゆる「核の冬」のなかで生き残った人たちの運命をえがいた「スレッズ」というイギリスのテレビ映画をみたが、子供だましのような「ザ・デイ・アフター」などとは比較にならないリアリティがあった。

とくにショッキングだったのは、生き残った少数グループのなかでの母と娘の関係である。放射能におかされ、弱りはてた瀕死の母親にたいして、娘が鞭うつように「起きろよ。もっと働け。働け」というシーンがあった。人間の秩序をからくも支えている、かぼそい糸（スレッズ）――肉親愛とか、親子の情とかはこの自然状態の弱肉強食の世界では確実にくずれさる。稀少資源の極端な力による平等配分システムにもっとも適合したものが、左右両極の権威主義的支配であるゆえ、きたるべき戦争は、共産主義支配をうむもっとも確実な触媒となるだろう。コッペパン一つ盗んでも、みせしめのための残酷な公開処刑、拷問、密告の横行する世界となるだろう。あのベトナム、カンボジアの「生き地獄」は、ニクソン＝キッシンジャーの無差別爆撃による精神の荒廃をぬきにしては考えられなかった。第一次大戦の教訓から学び、フォン・クラウゼヴィッツの戦争哲学からえられる結論は、明白である。われわれの戦略は、戦争を回避し、よりよい平和をつくる目的にむけてすべての能力を傾注すること以外にはないということである。二兎を追ってはならない。「抑止」も、「抑止」が失敗した後「勝つ」ことも、という二兎を追うところに現代の最大の危機がある。核兵器は「勝つ」ためでなく「抑止」のためであり、「人格化された国家の知性」のもとに軍事力を完全に統御し、ソ連との対話を通じて「軍備管理」を達成し、核兵器への依存度をできるかぎりさげる努力をつづけること以外にわれわれに残された道はない。

Ⅵ　摩擦と危機管理

「およそ事前にたてた計画どおりにことが実際に起きたためしがない」と、いわゆる危機管理の迷妄を嗤ったのは、アイゼンハワーである。アイクはまたクラウゼヴィッツのよき理解者でもあった。「摩擦」というクラウゼヴィッツ戦略論のキーワードこそ、「封じ込め」戦略にかわる西側の、新しい戦略パラダイムを示唆している。

米国に戦略があったとき

「吉田ドクトリン」と私がよんだ戦後日本の国家戦略は、パックス・アメリカーナが健在であったときの歴史的産物であって、いまその国際的枠組自体が問われているとき、吉田ドクトリンの延長線上に日本の国家戦略の方向づけを求めるのは時代錯誤ではないか、という意見がある。

いかなる覇権国家も永遠にその繁栄と勢威をほこることはありえない。だが、十七世紀ごろに世界の指導権を握った大英帝国はすくなくとも三〇〇年のパックス・ブリタニカを謳歌《おうか》しえた。戦後、その遺産をうけついだアメリカが、パックス・アメリカーナの崩壊を云々されるほど急速にその力の相対的低下をみせたのはいったいなぜか。その説明がこみいって厄介なことは認めるが、「吉田ドクトリンの再検討」とか「戦後日本の総決算」とかを主張する人たちは、まず、「アメリカの世紀」がなぜかくも短命であったかについて、その理由をあきらかにする義務がある。

なぜかというと、大方の読者には奇異の感をあたえるかもしれないが、戦後アメリカが整合性をもつ国家戦略をもっていた唯一の時期は、アイゼンハワー時代であったからである。そしてアイクこそ、軍事ケインズ主義を拒否し、均衡予算と軍事力の必要最小限主義に徹した点で、吉田ドクトリンときわめて似かよった哲学の所有者であった。

かつてアイクについて内外の評価はけっして高くはなかった。外交はダレスにまかせ、ゴルフばかりやっていた無能な指導者というイメージが定着していた。だが、こんにち彼の回顧録、機密公文書その他が公開されるにつれて、歴史家のあいだに修正主義が台頭し、その評価は逆転した。極端なものにいたっては、「天才」の評価さえあらわれている。「天才」はいきすぎにしても、その実績でみるかぎり、最小限のコストで共産勢力封じ込めと最大限の抑止に成功している。これは彼以後の諸政府、とくにケネディ＝ジョンソン時代の大失敗にくらべると、めざましい成功というほかはない。いまから振りかえると、いわゆる「ニュールック」戦略は、朝鮮戦争を終結させた後、ともかく全世界にわたって増大しつつある共産勢力の拡大をミニマムに阻止してきた。北ベトナムがホー・チ・ミンの支配下にはいったのは、アイク時代ではなかったし、インドシナへの軍事介入も自制している。キューバにあらたな動きの胎動はあったが、カストロの指導権の基礎がためができたのは、すくなくとも彼の在任中ではなかった。

しかも特筆すべきは、アイク時代、国民経済にしめる国防支出は、必要最小限におさえられたことである。一九五五年度の四〇二億ドルから、六一年の四七四億ドルにいたるまでほぼ安定した低さを保っている。にもかかわらず、アメリカの対外姿勢は、終始、かつてない力強さと活力にあふれていた。

これがまったくの「幸運」（フォルトゥナ）によるものか、アイクの「力量」（ヴィルトゥ）によるものかについては意見のわかれるところである。究極のところ、クレムリンや北京の外交機密文書が公開されて、かれらの「意図」があかるみに出ないかぎり、水かけ論におわらざるをえないだろう。というのは、もともと「抑止」というのは、失敗したときには証明されるが、その成功については証明不可能という厄介な特徴をもっているからである。

だが、ひかえめにいっても、アイゼンハワー政権がしめした国家戦略における目標と手段のバランス感覚、大量報復政策にみられる「必要性」(ネチェシタ)への深い理解、その深慮と抑制、健全な良識などは、ほかのいかなる戦後米政権にみられぬレベルに達していたといっていい。とくにダレス外交やニュールック戦略については、キッシンジャーをはじめ、やがてケネディ政権の柔軟反応戦略に結実するような、多くの戦略家たちの批判があった。しかし、いまになってみると、アイクは、だれよりも、マキアヴェリのいう「必要性」(ネチェシタ)の本質を理解していたのではあるまいか。それ以外にとりうる道がないと自ら信じ、相手方も信じこむような戦略状況でのみ、抑止力は、信憑性《しんぴょうせい》と迫真性をおびる。「やむにやまれぬときの戦いは正義であり、武力のほか望みを絶たれたとき、武力もまた神聖である」(リウィウス『ローマ史』、マキアヴェリ『ディスコルシ』、参照)。

たしかに朝鮮戦争の停戦、台湾海峡をめぐる紛争など、核使用のきわどい瀬戸際にいったのは彼の時代であった。だが、あれもこれもと多様な選択の自由をゆるす柔軟反応戦略より、ブリンクマンシップ(瀬戸際政策)のほうが、「抑止」という単一目標にとっては、はるかに有効だったのではあるまいか。

このアイクのしめした戦略的英知は、彼がアメリカの最高指導者のなかで、唯一人、クラウゼヴィッツの深い理解者であったという事実と無関係ではないようにおもわれる。

もともとアメリカの戦略思想は、クラウゼヴィッツのよきライバルであったフランスの戦略家ジョミニの影響のほうがはるかにつよかった。ジョミニは、南北戦争のころアメリカを訪れ、南北両軍双方に助言をあたえている。南北両軍計七〇万以上の死者（第二次大戦でも三二万四〇〇〇弱）をだした十九世紀唯一の血なまぐさい内戦（全面戦争）にジョミニがどれだけの責任をもつか不明であるが、南北戦争終結までアメリカに滞在し、『海上権力論』で有名なマハンと親交をむすび、マハンはジョミニのことを「わが最良の軍事的友」とよんでいたほどである。

アイクは、そのなかで例外であった。彼は一九二〇年代、パナマ在勤中のながい無聊《ぶりよう》の時代、すぐれた上官のフォックス・コナーの指導で、クラウゼヴィッツの『戦争論』に親しみ、その精髄を把握したものとおもわれる。とくに、いかなる手段にも目的があり、手段はその目的に従属していなければならないこと、軍事力という手段それ自体に固有の自律性とか自己目的性とかいうものはないことなど、クラウゼヴィッツ哲学の本質をつかみとっていた。かつてホワイトハウスの定例記者会見で、彼は、「いま、われわれは、冷戦を指導している。だが、冷戦は目的をもっていなければならない。それがなければ、それは無意味である」とかたり、「その目的は、ソ連に〝勝つ〟ことではありえない」。とくに核時代では、「その費用と効果を考えないで得られる勝利なるものは、敗北とかわらぬ荒廃をもたらしうる」ことを力説した。「紛争を武力に訴えて解決しようとすると、それがどこまでいくか、だれにもわからない。それが、とことんまでつき進めば進むほど、武力自身のもつ限界につき当ること以外に止めようがなくなる」と、クラウゼヴィッツ哲学の神髄をのべている。

いうまでもなくホワイトハウスを去るにあたって遺《のこ》した「軍産複合体」への警告にもあらわれているように、彼は「われわれが自ら守ろうとしているものを破壊してはならない」と強調してやまなかった。合衆国を指導国家とする西側世界は、いったい何を、何から守ろうとしているのか。「それは個人の尊厳、個人の選択の自由、民主的な統治手続き、経済における私企業の自由」ではないか。おろかにも、絶対的安全保障を求めて、あらゆる可能な最悪事態にそなえるため、これらの守るべき内部の価値をきりくずすようなことがおこりうる。パックス・アメリカーナをくずすキッカケをつくったのは、軍事ケインズ主義によって空前の軍備拡張、宇宙開発、ベトナム介入にのりだしたケネディであって、均衡予算と財政保守主義に徹したアイクではなかった。アイク時代の国家安全保障会議は、その国家の基本目的として、「合衆国の安全を確保すること」とならんで、「その根本的な価値と制度の活力《バイタリティ》を保持すること」の一項目が、ハッキリとうたわれていた。したがって、彼は、「多々ますます弁ず」式の「もっと哲学」を排し、必要限度ですませる「十分哲学」で、ペンタゴンの要求する過大な原子力空母、新型戦略爆撃機、地上軍の増強などの要求をはねつけた。

これができたのは、ひとつにはCIAの開発したU―2偵察機の情報によって、ソ連の軍事力、とくにICBM開発計画の実態を正確につかんでいたことと、均衡財政主義からもくるところ大であるが、まさしくクラウゼヴィッツの説いてやまなかったこと――すべての手段は、それに適合した明確な目的をもたなければならない、ということを完全にマスターしていたからである。

危機管理の迷妄

アイゼンハワーがクラウゼヴィッツから学んだもっとも重要な点は、こんにちわが国で季節はずれの流行をみせている「危機管理」（クライシス・マネージメント）の迷妄から自由であったことである。

さる九月（一九八四年）、中曽根首相は、震災、ハイジャック、テロなど内外の危機にたいして迅速、適切な対応を講じるため、中西一郎国務相に「危機管理」のあり方を検討するように特命した。中西特命事項担当相が、「危機管理問題懇談会」を発足させ、十一月中旬に報告書の提出がもとめられている。これとの関連で、防衛庁による「有事法制の研究」とか、「統帥権の研究」や、有事にさいしての通信の「暗号化」の問題、スパイ防止法などが、いろいろ取り沙汰されている。

だが、アイクは、軍人として実戦に参加した多年の経験から、およそ事前に、危機とか有事とか、奇襲とか、偶発事にそなえ、巨額の費用を投じて準備することほど、ばかげたことはないことをだれよりもよく知っていた。

一九五四年の記者会見でつぎのように述べている。「かつていかなる戦争も、事前に期待されたような諸特性を呈したことはほとんどない」。「戦争は無数の多様なケースをふくみ、挑発の形態も無限のヴァラエティにとんでいる」。たしかに有事や偶発事にそなえ計画をたて訓練することは大事であるが、「およそ、そうした事前にたてた計画どおりにことが実際におきて、役にたったためしがない」。「そもそも、〝非常事態〟という定義それ自身が、予想されなかった事態を意味している」。したがって、定義上、「事前に計画し、予想していなかったことがおきるのが、まさしく非常事態とか危機とかいわれるものの本質なのである」。

その翌年の記者会見でも、

「戦争において唯一、不変な要因は、戦争においては、すべてが可変的で不確実で、予測不可能だということである。つまり、それこそ人間性という要因にほかならない」（一九五五年三月十七日記者会見）と喝破している。このことこそ、クラウゼヴィッツが、「摩擦」（フリクション）の語でよんだ、不変の人間性にたいするふかい洞察であった。

私も、本書を通じていくどとなく、この「摩擦」というクラウゼヴィッツの中心概念にふれてきた。戦後日本が、「愚者の楽園」といわれながら、なぜこんにちの国際的地位をきずくことに成功したか、その日本の国家戦略を解読するキーワードこそ、「摩擦」であり、また、これから西側世界が、「封じ込め」にかわる新戦略を模索するとき、その中心概念になるべきものが、「摩擦」であると、私は信じている。クラウゼヴィッツは、ナポレオン戦争に参加した彼自身の実戦体験と、ゆたかな戦史の知識と思索の結果、なぜ事前に計画された机上の作戦計画や、グランドデザインとか、危機管理シナリオといったたぐいのものが、実戦に役だたないのか、実際の戦争のもつ特異な性格とその困難性を、「摩擦」という語でたくみに説明している。これは、経営にも、外交にも政治にも妥当する真理である。「戦闘行為というものは、あたかも水中での運動のようなものである。歩くという、もっとも簡単でごく自然の運動でさえ、水中では思うにまかせない。それとおなじように、戦争ではごくあたりまえの、簡単なことがうまくいかない。その意味で、実戦を知らない純粋の理論家は、水中での動きを、陸《おか》で生徒に教えようとする水泳の教師のようなものである」（第一篇第七章）。わが国でも、「畳の上の水練」ということばがある。ロバート・マクナマラ元国防長官のような高い知性をもつ理論家も、ベトナム戦争のきびしい現実に直面したとき、陸《おか》の水練教師のような存在になりさがってしまった。

「実戦では、あらゆることが単純である。しかし、もっとも単純なことこそ、もっとも困難である」。多くの予期しえないトラブル、つまらぬミス、事故、下級将校、兵の無能力など、無数の目に見えない、無形の要因のため、あまりに野心的な大計画や複雑すぎる企画は、それらのプランが精緻であればあるほど、実戦では役だたない。コンピュータの専門家にきくと、人間にとってもっとも簡単なことが、プログラミングに依存するコンピュータにとって、もっとも困難なものになるという。それとよく似ている。

「ここにひとりの旅人がいる。かれは日暮れになって一日の行程の終りに二つの宿駅を越さなければならないが、一四、五マイルだから、公道を行けばなんでもない。ところが、最後の一つ手前の宿駅に着いてみると、駅馬は一頭もないか、あってもひどい駅馬である。しかも山地である悪路、やがて暗夜となる。彼はさまざまな苦労を重ねてつぎの駅に着きみすぼらしい宿をみつけて喜ぶ。戦争でもそうである。机上の計画では、とうてい考えられないような無数のつまらぬことのため、ことはうまく運ばず、所定の目標に達しない」

（第一篇第七章）

ナポレオン、ヒトラーを苦しめたロシアの広大な空間、厳冬、かわりやすい天候、雪、泥濘《でいねい》、壊れた橋、すべて「摩擦」である。戦闘につきものの情報の不完全性、ゆがみ、敵兵力の過大評価、恐怖と混沌、士気の低下、すべて「摩擦」である。精巧なM―16自動小銃は、ベトナムのジャングル戦では故障が多くて役だたず、現代の電子工学の粋をあつめた精巧なC^3Iシステムなるものは、それが精緻で巨大になればなるほど、部品の数が幾何級数的に増え、故障の確率もまた増大する。

　また、戦闘行為は、水中の行動のように、「抵抗力のある媒体」のなかでの行動であるから、積極的に行動しようとすればするほど、水圧と抵抗がまし、行動の自由をうばわれる。したがって、他の条件にしてひとしければ、一般に、戦争では、攻撃側より防御側に有利である、という重要な結論をクラウゼヴィッツはみちびきだした。これが彼の戦略論でもっとも示唆にとむ洞察といわなければならない。英国のリデルハート卿は、クラウゼヴィッツの「絶対戦争」概念などを誤解したが、本質的に、クラウゼヴィッツのもっともよき理解者、後継者であった。彼は、グランド・ストラテジーでいちばん大切なことは、その国家の性格が、現状を維持することにおかれているのか、それとも現状に不満をもち、その変更をもとめて積極的に攻勢にでようとする意欲的な国家なのか、という国家目的の相違にあると指摘している。かつての大英帝国や現在の合衆国や日本のように、その基本性格が現状維持にあるならば、戦略的守勢をとり、全体の潮流が自国に有利になるように、法と道義を重んじて、的確な情報と間接的アプローチを駆使して、個々の戦闘での不必要な犠牲を極小化し、つねに自国の選択の自由を確保しつつ、「よりよい平和」の実現にむけて全情勢を統御すべきことを強調した。そのためには基本的に〝待ちの政治〟に徹することをもって最善の策とする。

では、現状維持国にとってなぜ「待つ」ことがいいのか。「待つということは時間に重みを加えること」（エリック・ホッファー）だからである。つまり、前述の「摩擦」の生態力学が時間とともに重みを加えてくる。時がたつにつれて、現状を打破し、積極的にうってでようとする革命勢力（ナポレオン、ヒトラー、戦前の日本帝国、現在のソ連など）は、勢力を外へ膨張しようとすればするほど、水中での行動のように、抵抗と摩擦が増大し、行動の自由をうばわれる。いまソ連帝国内部や、第三世界で生じていることが、まさにそれである。これは、あたかも細菌やヴィールスの侵入で、有機体内に「抗体」がつくりだされるプロセスと酷似している。

したがって、「摩擦」の原理にたつとき、日本をはじめ西側世界のグランド・ストラテジーは、つぎのようにごく簡単に定式化できる。つまり、「よりよい平和」を達成するため、西側世界内部の摩擦を回避、または極小化し、ソ連帝国内部の摩擦の自然増を待つことである。

この戦略にとって最大の隘路《あいろ》は、アメリカ人ほど、「待つ」ことができない国民はないということである。現代の新保守主義の元祖ともいうべき風変わりな街の哲学者エリック・ホッファーは、「アメリカ人の浅薄さは、かれらがすぐハッスルする結果である。ものごとを考えぬくには閑暇《ひま》がいる。成熟するにも閑暇がいる。いそいでいる人たちは考えることも、成長することも、堕落することもできない。かれらは永遠に愚直状態にとどまる」（『情熱的な精神状態』）と、辛辣《しんらつ》なことを言っている。真の自信がなく、外部からのショックに過敏に反応して、男らしさを誇示しようとハッスルする指導者ほど、致命的な失敗をおかす。たとえば、一九四二年四月ホーネットから発進したドーリットルの東京空襲のショックに挑発されて、あわててミッドウェー作戦を策定した山本五十六長官。おなじく一九五七年、ソ連の打ちあげたスプートニク・ショックでハッスルして、宇宙開発と大軍拡、ベトナム介入の愚行にはしったケネディ。むしろゴルフに興じていたかにみえたアイクのほうは、スプートニク打ちあげにいささかも動ぜず、クレムリンが「宇宙空間の国際的自由」を事実上、認めたという意図せざるプラス面をすばやく看《み》てとっていた。

危機と情報

第二の隘路は、われわれの開かれた自由社会では、その内部〝摩擦〟を極小化することがきわめて困難だということである。とくにテレビ時代の指導者は、危機に直面したとき、かつてないほど切迫した締切り時間内に、すばやく反応し、ハッスルすることを余儀なくされる。とくにテレビ・ニュースの発達したアメリカの大統領は、つねに、この圧力にさらされている。

そこでは複雑な問題を単純化し、白か黒かのかたちで争点を視聴者に明示しなければならない。たとえば、一九七九年八月、SALTⅡ批准をまえに、CIAの提供したキューバ駐留のソ連戦闘旅団の証拠写真は、カーター大統領がテレビで「うけいれがたい」と声明するほどのビッグ・ニュースとなった。ところが、じつは、一九六二年のキューバ危機当時から存在していて、ながらく忘れさられていたソ連駐留軍の再発見にすぎないことが、CIA自身の手でまもなく判明する。しかし、すでに国民世論は一変していた。上院外交委員会は、この争点をめぐって貴重な一〇週間を空費し、その批准に重大な打撃をあたえたのである。

一九八三年九月一日の大韓航空機撃墜事件も、その好例である。いまだ解明されない多くの謎をもつ大事件だが、この緊急事態でも、その背景、状況のくわしい調査をまつ余裕もなく、レーガン大統領は、四八時間以内に、テレビ・ニュースに姿をあらわし、冷血きわまるソ連の民間機無警告攻撃をはげしく非難した。だが、そのつぎの週、米国の各インテリジェンス機関のくわしい合同研究の結果、ソ連は、KALを民間機と知って攻撃を加えたのではなく、おそらくその近くにいた合衆国の偵察機（KC—135）と誤認したためという結論に達していた。ともかくおのおの独立の陸海空三軍の情報機関、NSA、CIA、それに日本の自衛隊のインテリジェンス・システムが同時に、機能停止し、沈黙していたというのは、だれが考えても不可思議というほかない。むろん事件直後、クレムリンの示した狼狽、欺瞞、拙劣な対応は、いかなる正当化をもゆるさないほどひどいものであった。ソ連が全世界の非難をあびたのは自業自得というほかないが、この危機に直面した米ソ両指導部のとった〝拙速〟反応は、現代のテレビ時代の危機対処に大きな問題をなげかけたといっていい。

ベトナム戦争が、よかれあしかれ、テレビ時代の戦争であったことはよく知られている。また一九七九年十一月のイラン米大使館員人質事件がアメリカ国民にあたえた衝撃は、「人質にとられたアメリカ」と題する深夜番組が一年以上もテレビを独占しつづけたという異常性でもわかろうというものである。この映像時代には、一方でレーガン大統領のように、テレビをたくみに駆使することで、アメリカニズムという「政治宗教の最高僧院長」（MIT政治学教授ウォルター・D・バーナムの語）として、一種のシャーマン的役割を演じるような、ニュー・スタイルの政治指導者が出現しうる。他方で、テレビ・ニュース時代のマイナス面は、対外政策の決定過程をスピードアップさせ、映像的でないが重要な問題から公衆の目をそらせ、ことさら人間のもつ恥部、弱点、ミスを誇張し、それをクローズアップすることで、西側内部の〝摩擦〟を必要以上に拡大させるかたむきをもっていることである。この映像時代に特有の偏りを是正するうえで、新聞、雑誌のはたすべき役割は、ますます重要となっている。

さらにテレビ時代の意思決定が〝拙速〟にかたむく傾向は、現代の核時代において、由々しい問題をはらんでいる。五〇年代はじめの核戦略では、核の奇襲第一撃が強調され、〝拙速〟反応にかたむいていた。五〇年代後半から核兵器の大量破壊能力の飛躍的増大で、〝拙速〟より、〝慎重〟がより重視されるようになった。そこでは、誤断、第三国による故意の挑発（いわゆる〝触媒〟戦争）、錯誤、故障による偶発戦争、過剰反応による危険、つまり〝拙速〟反応がとりかえしのつかない大災厄をもたらしうることがあきらかになってきて、その防止措置に全力がかたむけられた。ところが、八〇年代にはいって核ミサイルの命中精度が飛躍的に向上したため、実戦兵器としての核ミサイルの役割が重視され、いわゆるC^3Iや核ミサイル・サイロ、軍事施設などを直接たたく、対兵力（カウンター・フォース）理論がふたたび強調されはじめた。ここではミスや故障によるリスクより、「遅滞の費用《コスト》」がはるかに高価につくことが米ソ両国間で強調され、奇襲をおそれ、〝拙速〟反応にはしる危険性がたかまってきている。この傾向は、すばやい政府の反応を期待しもとめる公衆の圧力によってさらに加速される可能性がでてきている。

第三の隘路は、情報を管理し処理する政府機関のもつバイアスである。危機管理における情報のもつ重要性については、つとに外務省の岡崎久彦氏が強調し、アングロサクソンとつきあうことで、世界情勢のあやまりない判断が可能となるということを、うまず説いてこられた。だが、そういっては失礼だが、それこそクラウゼヴィッツのいう「平凡な、ありふれた、おしゃべり」の最たるものというほかない。

こういう卓見は、戦前、新興ナチ・ドイツが隆盛をきわめ、「バスに乗りおくれるな」と色めきたっていた当時こそ、わが外務省が軍部に迎合せず、冷静かつ毅然としてそのことを強調してもらいたかったことである。そのころなら、意味のある、勇気ある少数意見であったろう。いま、すくなくとも日本の各政府機関内で、ソ連や東側についていれば、まちがいないとか、ＣＩＡよりは、ＫＧＢから情報をもらったほうが世界情勢を正確に把握できるなどと主張する人が皆無にちかいときに、アングロサクソンについていればまちがいないというのは、日本は「西側の一員」というのとおなじことで、一種の同義語反復《トートロジー》にすぎないのではあるまいか。「無意味で、平凡なおしゃべり」たるゆえんである。むしろ、いまの外務省内部に、「もしかしたら、現在のアメリカは、かつてのナチ・ドイツと似かよった危険性をはらんだ存在（現状打破勢力）になりつつあるのではないか」と疑ってみるような批判的少数グループが存在していたら、その少数意見の当否は別として、私は岡崎氏流の予断と先入見に支配された外務省の情勢分析より、はるかに、その少数反対意見をもつ外務省のほうを信用する。

情報については、クラウゼヴィッツが指摘しているように、「認識のもつ本来的な不完全性」を自覚することから出発すべきである。とくに不透明な戦雲状況や危機下では、「情報の大半は虚偽である。しかも人間の恐怖心はこの虚偽をますます助長する傾きがある。一般に人間というものは、よいことより、わるいことの方を信じやすく、また、わるいことは実際以上に誇張されて考えられやすい傾向をもっている」（第一篇第六章）。こういう人間性への洞察こそ、情報分析にははるかに大切である。右のクラウゼヴィッツの指摘は、こんにちでは、専門用語で、「非対称的損失関数」とよばれる、インテリジェンス分析官や軍官僚特有の傾向によって、いっそうはなはだしくなる。つまり、「敵の能力を過大評価することによる損失（または危険度）は、その過小評価による損失より小さい」という原則である。ひらたくいえば、「おなじ誤りをおかすなら、敵の能力を過大評価したほうが無難だ」ということである。これは、官僚特有の保身本能とからみあって、いわゆる「最悪事態」分析とか、「危機管理」シナリオとかがよろこばれ、敵の能力や脅威を誇張、過大評価にしばしばおちいりがちとなる。

むろん戦史をひもとけば、バルバロッサ作戦、パール・ハーバー、ミッドウェー海戦など、敵の過小評価、慢心、油断による失敗例は枚挙にいとまがない。だが、敵能力の過大評価による危険性もまたそれにおとらず大きい。たとえば、一九三五年、フランス軍課報部によるドイツ軍の過大評価（実兵力三五万にたいして、二倍近い七〇万と評価）が、三六年のドイツ軍のラインランド無血進駐をはじめ、ヒトラーのいわゆる「サラミ作戦」成功にみちびいた大きな要因となった。つまり、ヒトラーが戦わずして、その軍事力の威嚇《いかく》だけで外交的勝利をつぎつぎにおさめえた有力な一因がそれであった。ラインランド進駐当時、ドイツの進駐軍は、実勢三万（その半数は警察予備力）にすぎなかったのに、フランス課報部は、ドイツ進駐軍を一九万五〇〇〇と七倍近く過大評価し、ヒトラーの勢力台頭をおさえる絶好の機会を逸しさったのである。

この敵能力の過大評価による危険性は、現代のように、軍事力の物理的使用よりむしろ、抑止、威嚇、示威、外交交渉力などの政治的心理的利用（平和利用）にかたむく時代には、そのおよぼすマイナス効果ははかりしれないほど大きい。

中西国務相下の「危機管理問題懇談会」は、まず、クラウゼヴィッツをよく読みかえし、以上のような本質的な問題にとりくむことからはじめてほしい。

日本の戦略的アプローチ

「危機管理」という語のもつ、ある種のいかがわしさは、もともと性格のことなる不測の事態をいっしょくたにして、口あたりのいい政治的婉曲語《えんきょくご》になっていることに由来する。危機管理とは、地震・洪水などの災害（「天災」）のみならず、ハイジャック、テロ、有事などの「人災」をふくむかのように使用されている。いうまでもなく天災と人災では本質的にちがう。前者は、事前に、準備、訓練することで、その災害の被害を減少、限定できるが、その不測の事態の発生する確率に影響をあたえることはできない。物的自然を相手に、警告と抑止はナンセンスである。

それにたいして、後者の人災は、目的や意図をもつ人間集団を相手とした不測の事態である。有事にそなえる「シェルター」がその好例（本書第Ⅳ章参照）であるように、事前にそれにそなえ、計画・準備し、資源を動員すること自体が、「抑止」であれ、「警告」であれ、「挑発」であれ、相手方の意図に影響する。その意味でも、危機管理という語は、きわめてミスリーディングである。

モノの管理とヒトの管理とをいっしょくたにして、人間集団を操作、管理、制御の対象と考えるところに、アメリカの科学的経営学、ひいてはマクナマラ流の合理主義的な管理哲学やシステム分析の大きな錯誤がある。ビジネスの経営であれ、戦争であれ、戦略的アプローチにとって、その根本的相違を理解することはきわめて重要である。私見によれば、経営における危機対処でも、日米間のアプローチはあざやかな対照をなしている。

私が在米中、いわゆる「マーフィの法則」というのが流行していた。つまり、「悪くなる可能性のあることは、かならず悪くなる」という、シニカルな経験則である。そのころ、自動車産業をはじめ米国の製造業者は、労働生産性と質の低下にあたまを痛めていた。この「マーフィの法則」は、クラウゼヴィッツのいう「摩擦」のアメリカ的解釈といっていい。あるアメリカの大企業の経営者が、日本の自動車製造工場を見学して、その現場の清潔さ、正確な操業ぶりにおどろいて、ここでは、「マーフィの法則が妥当しないのか」ときいたというエピソードがある。おそらくアメリカで、「マーフィの法則」がかくもポピュラーになったひとつの理由は、アメリカの経営者は、労働者や現場監督の失敗やミスの生じる確率を見こして、それを費用にいれて、いわば危機管理のスリルをたのしむところがあるからかもしれない。ゆたかな資源とフロンティアにめぐまれ、余裕のある米国では、ビジネスであれ、戦争であれ、戦略は、最悪事態を予想し、すべての可能なミスや偶発事をあらかじめ計算にいれて、工学技術の領域でいうリダンダンシー（冗長性、あそびやゆるみ）の要素を加味して摩擦や危機を管理可能と考える哲学にもとづいている。

これと対蹠《たいせき》的に、日本の経営者は、失敗や危機は回避しうるもの、また、回避さるべきものと考える傾向がつよい。品質管理の面でも、「ゼロ・ディフェクト」とか、「ジャスト・イン・タイム」とか、摩擦の回避、その極小化に徹すべく、現場の操業に従事する作業員、監督、中間管理層のミスを完全に制御しようとする。つまり危機とか失敗、欠陥の発生は、管理責任者にとって失敗の証左以外のなにものでもない。日本の経営では、無事故、無過失、無欠陥商品が、とうぜんの達成目標となっている。

日本軍で優秀なのは下士官と兵で、参謀、高級指揮官と上にいけばいくほど無能になるとはよくいわれることである。日本の職業野球が、煩瑣《はんさ》なサイン、乱数表とか、ミスの極小化に徹した小手先の管理野球で、大リーグにくらべて、のびのびした自由さに欠け、おもしろみがないとよく指摘される。わが国で大戦略とか、戦略的思考といわれるものがトップ・リーダーに育たず、せいぜい中級管理層の技術的な危機管理ノウハウに関心が集中されるのも、あまりにも下士官、兵、現場のオペレーターに責任がシワ寄せされ、またかれらが優秀であるがため、トップは「無為にして化す」ことですんできたためかもしれない。

だが現代の核時代における危機対処にとって、日米の戦略的アプローチのどちらがいいか。私は文句なく日本流のアプローチがいいと信じている。核時代では、失敗や摩擦を「計算されたリスク」として管理可能と考えることはゆるされない。ゼロ・ディフェクトに徹するほかない。抑止に失敗しても、その損害を「限定」できるとか、エスカレーションを「制御」「限定」できるとか考えること自体、モノの管理とヒトの管理の根本的相違を忘れた妄想である。「計算されたリスク」の概念で、万一のばあい、全面戦争への拡大を限定し、勝つためには、二、三〇〇〇万人の犠牲者数は、「許容可能な損失」だなどと、コンピュータを相手に絵空ごとの核戦争ゲームにふけるのは、かつてマクジョージ・バンディが指摘したように、トップの指導層とはまったく異質の、非現実的世界に住む自称軍事専門家たちの妄想にすぎない。

いまは、戦争を回避し、抑止するという単一目標にむかって全力投球すること以外に、われわれ人類に残された道はないのである。

企業やビジネスの世界でも、社員に「やる気」をおこさせる秘訣は、あれもこれも可能であるかのような選択の多様性ではなく、「これしかない」と思いこませる「必要性」（ネチェシタ）の緊迫性である。二度にわたる石油危機が、日本の企業体質をいっそう強靭なものにかえた理由である。だが、相手方があり、競争と対立をはらむ国際関係で、ゼロ・ディフェクトの守りに徹するだけでは、ロス・オリンピックの日本選手のように、固くなりいじけてしまう。

ロス・オリンピックで、柔道の山下選手とならんで、体操男子個人で金メダルを獲得した具志堅幸司選手は、大試合のプレッシャーにまけず、のびのびと自己のベストをだしきった。その秘訣について、「他人もいつかミスをする。開き直っていくしかない」とかたっている。この態度こそ戦後日本を繁栄と成功にみちびいた哲学にほかならない。自分の内的力を充実し、自己のミスを最小におさえ相手方のミスの自然増を待つという戦略は、ゲームの理論でも、ミニマックス戦略とよばれている。むろん戦後日本にとって、その道しかないという運命（ネチェシタ）をわれわれが信じたからであり、この経済、軍事、文化のいりくんだ複雑きわまる相互依存の世界で、人間のさかしら（イデオロギーとか戦略とか）で作為的に介入をこころみても、なんぴとも予見できない制御不可能な、さまざまな連鎖反応と逆流現象が生じ、意図に反する結果（逆効果）をうむにすぎないということを本能的に知っていたからである。おそらく戦前、戦中の苦い失敗の体験もあずかって力があっただろう。われわれが、「大東亜共栄圏」とか、「アジア人の解放」とか、雄大なヴィジョンとかグランドデザインとかいうものに、むなしさといかがわしさを感じるようになっている理由のひとつはそれである。戦後日本は、低姿勢に徹し、「相手はいつかミスをおかす」ことを信じることで、すべてに耐えてきた。

事実、戦後の東西対立で、アメリカは数々のミスと失敗をおかしたにもかかわらず、こんにち、まがりなりにもやってこられたのは、「封じ込め」戦略の成功のおかげではなく、むしろソ連や東側諸国のおかした数々のミスと失敗のせいである。

その意味でスカラピーノ教授（カリフォルニア大学バークレー分校）が、現在の米ソ関係を皮肉って、「力のバランス」どころか、「弱さのバランス」と評したのはけだし至言といわざるをえない。

幻想なきデタントを求めて

「相手のミスの自然増を待つ」という、「摩擦」の戦略からみて、われわれの対ソ戦略はどうあるべきか。ここでは、ソ連の脅威とはなんであるか、その「能力」や「意図」にかんする神学論争に興味はない。ただつぎの三点を確認することから出発すれば十分である。

第一に、米ソ間では、なにが「よりよい平和」であるかについて、また、その「よりよい状態」をつくりだす手段（ゲームの規則）について積極的な合意はないが、「より悪い状態」（核戦争という相互自殺）を回避するという消極的な目標とその手段（軍備管理）については利害が一致していて協力が可能だということである。

第二に、現在、ソ連はその帝国内部に多くの脆弱性《ぜいじゃくせい》をかかえ、力の凋落《ちょうらく》しつつある老大国であるが、いぜんとして合衆国に匹敵する巨大な軍事力をもつ、野心的かつ強力な西側世界のライバルであることはまちがいない。第三に、こういうソ連とつきあうには、これまで西側がしばしばおちいった、いくつかの「幻想」から解放されねばならないこともたしかである。

いま、われわれが必要としているのは、「幻想なきデタント」である。

いわゆる両体制の収斂《しゅうれん》理論や、いずれソ連もいまの中国のように西側に門戸をひらき、自由主義経済を一部とりいれるとか、逆に、ソ連に軍拡競争をいどめば、資源配分上の困難に直面して、ソ連経済はいずれ崩壊し、資本主義体制に変容するとか、いわゆる「リンケージ戦略」で、ニンジンと棍棒でソ連の行動を制御できるとか、西側の一方的核軍縮で誠意をみせて相互信頼を回復すれば、ソ連も軍縮交渉に全面的に協力するだろうとか、これまで西側を支配してきた期待や幻想にもとづくデタントはかえって危険だということとである。

この種の甘い期待がひとたび裏切られると極端な対ソ不信と反ソ強硬態度に一変することは、アフガニスタンのソ連軍介入でショックをうけたカーター大統領の例をみてもあきらかである。要するに、ソ連のもつ目的や「ゲームの規則」が、われわれとことなることを十分みとめ、それを絶対悪として異物排除するのではなく、異物は異物としてそれとの共生を考えていくほかない、ということである。

だが、それが容易ならざる気のながい、難事業であることをふかく認識する必要がある。ロシアのながい苦難の歴史と、多民族国家という性格からみても、ドミトリ・K・サイミス教授が指摘しているように、「ロシア帝国の解体、無秩序と混沌への底知れない恐怖が、個人の自由や寛容をもとめる渇望よりもはるかに強烈である」ということを理解しなければならない。アメリカに亡命した反体制知識人のソルジェニーツィンでさえ、彼のアメリカ体制批判のなかに、このロシア人共通の底知れない自由への恐怖をよみとることができよう。

われわれがクレムリンの世界認識や体制をかえることは不可能であるが、かれらと共存していける程度にソ連指導者の意図や認識に影響をあたえ、米ソ間の競争をよりおだやかな、わが国の安全と繁栄にとって、十分たえうる限度内のものにかえることはけっして不可能ではない。それを解く鍵は、ソ連指導者層が好む「力の相関関係」というキーワードにある。対ソ戦略が、これまでにない忍耐づよい長期の困難なものになることを強調したジョージ・ケナンも、クレムリンの世界認識の可変性について、つぎのように指摘している。――「ソ連指導者は、議論ではなく、状況をみとめる用意がある。それゆえ、もし外的世界との関係で、対立の要素を強調することが、かれらの権力にとってあきらかに不利になるような状況がつくりだされるならば、かれらの行動および、かれら自身の人民への宣伝方針さえも修正される可能性がある」（国務省・企画調査部文書一九四八年八月十八日付、拙著前掲『冷戦の起源』参照）

この「力の相関関係」というのは、むろん、せまい意味での東西の軍事バランスの推移のみを意味するものではない。むしろクレムリンは、そのマルクス主義教理からいっても、「力の相関関係」の戦略的計算でもっとも重視している要素は、合衆国はじめ西側世界の経済状態、国内体制の現状である。「七〇年代から八〇年代半ばにかけて、かれら（西側世界）は、諸困難に直面する」（「イズベスチヤ」一九八四年六月十五日）と、クレムリンが信じているかぎり、戦略兵器制限交渉やINF交渉などの軍備管理交渉で、実質的に西側にあゆみよる見通しは暗い。現代の経済相互依存の網の目が複雑にいりくんでいる世界では、他国の犠牲を最小にとどめ自国の経済を健全化することが、抑止戦略にとって不可欠のものとなる理由である。かつて全米製造業界の一指導者が「ロシアにたいする最大の抑止は、アメリカの健康な経済である」と当然のことをのべたことがある。ところが、有名な反ソ・タカ派のリチャード・パイプス教授（ハーバード大学ロシア研究所所長。国家安全保障会議のメンバー）は、このことばじりをとらえて「健康な経済は、ロシア人の食欲をそそるばかりか、もしそのことが本当なら、健康な肉体をもっていさえすれば、強姦と殺人を防ぐ抑止になるとでもいうのか」と噛みついている（『コメンタリー』一九八四年八月号）。これがハーバード大学教授でレーガン政権の有力なブレーンの言かとおもうと、情けなくなるのは私だけだろうか。しかし、わが国でも近年とみに右のパイプス流の言辞《レトリック》が、めだつようになってきた。言論は自由であるが、もうすこし品位を保ってほしい。

最近、ハーバート・E・メーヤーCIA国家情報会議副議長の手になるといわれる一一ページの覚書が、ウィリアム・ケーシーCIA長官に提出された。目下のところ、大統領選挙をひかえた政治的配慮から米ソ関係好転のきざしをつげる表向きの楽観ムードが世界にあふれているが、この覚書は、それが幻想であることを強調し、これからの米ソ関係が「かつてなかったほど危険きわまりないものになるだろう」と警告している。

この覚書の特徴は、あたかも開戦前夜の日本政府のように、クレムリンが長期的には、「ペシミズムと迫りくる衰退の予感の増大」におののき、短期的には、「手おくれにならないうちに、東西の力の相関関係をかえることを狙った非常に危険な路線をえらぶ」確率がたかまっていること、つまり「ペルシャ湾の奪取や西ヨーロッパへの攻撃、もしかしたら合衆国への先制第一撃」で、死中に活をもとめる絶望的な挙にでる可能性を示唆している。ソ連体制内部にたかまるペシミズムと衰退の兆候は、これまでもよく指摘されてきた。農業不振、経済困難、人口構造の変化（ロシア系の少数派への転落、中央アジアのイスラム系の増大）、労働力不足、アルコール中毒者、幼児死亡率の増大などがそれであるが、それのみならず、ソ連の堕胎率が七〇パーセントにちかづきつつある（米国の堕胎率は二六パーセント）とか、小児マヒ、ジフテリア、猩紅熱《しょうこうねつ》、百日ぜきおよびはしかがひろがり、手のつけられない状態になっているとか、最近のソ連の医学文献や社会学、公衆衛生上のデータにもとづく、衰退の兆候をかたる指標があげられている（「ワシントン・ポスト」九月七日参照）。

この種の内部文書は、政治的意図にたった誇張、歪曲が大きく、その点、割引きしてうけとる必要があるが、それより注目すべきは、この内部覚書に典型的にみられる現在アメリカの対ソ認識と、対ソ戦略（政策）のあいだによこたわる大きな矛盾、ギャップである。内部に脆弱性をかかえ、衰退期にあるソ連帝国は、たしかに、真珠湾攻撃を意図した日本政府のように、長期的なペシミズム（じり貧）と、「いまなら、やれる」といった将来の見通しにもとづいて、絶望的な心境におちこんでいるかもしれないが、もしそうであるならば、かつての日本政府を「窮鼠《きゅうそ》猫を噛む」の絶望的心境においこんだような愚策をさける配慮がますます必要になってくるはずである。ところがこの覚書には政策と戦略としては、ソ連をして、そのような絶望的冒険主義においこむような対ソ政策が示唆されているのである。曰く「ソ連に経済的もしくは技術的援助をあたえないようにすべきだ」とか、「対ソ軍事の即応態勢を強化せよ」とか、「ソ連の必要とする先端技術の輸出禁止」とか、まるで日本政府を対米開戦においやった、在米資産凍結から石油禁輸にいたる経済制裁とおなじことをやるように勧告している（この点については『歴史と戦略』第Ⅰ章・第Ⅱ章参照）。

わが国政府や外務省は、戦前日本が開戦にいたった歴史をアメリカ側によく教え、あやまった対ソ政策の蒙をひらくことに全力をかたむけるべきである。そして、そうした愚策にかわる代案を提示すべきである。それは、衰退期にあるソ連帝国内部の〝摩擦〟の自然増をじっと待ち、長期的ペシミズムを緩和する方策と、短期的オプティミズムと冒険主義にはしらない対抗措置（二重戦略）が不可欠となる。

ポーランド、アフガニスタンの事例をみても、「ソ連こそ、反ソ的な社会主義諸国に包囲された唯一の国」というキッシンジャーのジョークがおもいおこされてくる苦境にあることは容易に察せられる。だが、ソ連帝国内部の〝摩擦〟をことさら助長し、傷口をひろげることに、西側が手をかすことはない。こういう戦略は、ソ連の指導階級をいたずらに傷つけ、政治的にも戦略的にも逆効果になるだけである。

ことに東ヨーロッパの内部脆弱性、ポーランドや東ドイツの民族主義を戦略的に利用するため、東独やポーランドにたいする通常兵力による報復反撃能力をつけるべきという議論がでているが、この種の議論が、中部ヨーロッパにおけるNATOの通常兵力の劣勢を補完し、核第一撃使用による「抑止」にかわる代案として提示されたのであるにせよ、きわめてリスキーなものである。むしろ、ソ連の東ヨーロッパ支配を強化させる逆効果か、不必要な挑発におわる公算がはるかに大きい。

こんにち、クレムリンの妨害で挫折したとはいえ、ホーネッカー東独書記長の西独訪問に象徴されるような東西の地域デタントの予想以上の進展が、けっしてNATOの軍事力によってもたらされたものではなく、むしろ人物・文化交流と貿易・技術の交流、戦域化導入にともなう西側の反核平和運動の波及などによってもたらされたものであることを肝に銘じて忘れてはならない。

鉄のカーテンに目にみえない無数の孔《あな》をうがち、やがてその堤防をも決壊させつつあるものは、まさしく水圧であり、〝摩擦〟の自然増である。鉄のカーテンを滲透可能にしたものは、戦車とミサイルではなく、ロック・ミュージックと工業製品そして平和運動であった。

戦略パラダイムの転換

いわゆる軍事的リアリストの世界情勢把握が、米ソ二極の東西軍事対決にのみ焦点をあわせ、南北問題のもつ「自律性」をしばしば閑却するという致命的なバイアスをもつことはしばしば指摘されている。しかも八〇年代の米ソの東西対立が、一種の「代理戦場」ともいうべき第三世界の地域紛争や地域の不安定性をめぐって争われるであろうことは、だれにも推測できる常識であろう。

戦後、革命勢力としてソ連がもっていた最大の戦略的利点は、かれらが現状の変更をめざす勢力であるがゆえに、飢餓、貧困、抑圧に苦しむ発展途上国の内紛や革命的民族主義の潮流に〝ただ乗り〟することができたということである。だが、ソ連軍のアフガニスタン介入を転機に、その潮流はあきらかにクレムリンにとって不利にかたむいている。

クレムリンが、陸上帝国のもつ、いわゆる地政学的な慣性にもとづいて、外に勢力を拡張しようとすればするほど、すでに東ヨーロッパ、アジア、アフリカ、中東諸地域で生じているように、抵抗の自然増で水圧がまし、ソ連の膨張はいたるところで、その動きが鈍ってきている。「水のなかの歩行」のように、「抵抗性のある媒体」（複合的相互依存の世界）に足をとられ行動の自由を失いつつある。中国に共産主義イデオロギーが侵入しても、けっきょく中国のナショナリズムによって毛沢東主義という「抗体」がつくりだされた。この「抗体」形成は、キューバ、アンゴラ、エチオピア、ベトナム、すべてに妥当する事実である。アメリカが、いまなお中米でやろうとしている愚行——「ドミノ理論」にもとづく社会工学的な「作為」の哲学で、ふたたびアジア太平洋地域で、政治・戦略的な介入にでてくるならば、いま生じつつある有機過程の「抗体」形成を台なしにしてしまう逆効果におわるおそれがたぶんにある。

この点こそ「米国の新フロンティア」として脚光をあびつつある環太平洋地域の将来について、わが国がアメリカにたいし、西側世界の諸国にたいして声を大にして警告すべきことなのである。なぜ、われわれは、この地域で成功しつつあるのか?

一九八四年夏、サイゴン陥落から数えてほぼ一〇年後、ジョージ・シュルツ米国務長官は、東南アジア諸国を歴訪し、いまさらのように、その繁栄と安定に瞠目、将来への明るい展望をかたっている。この地域は過去一〇年間に、インフレを収束させ年平均七パーセントの成長を達成した。これは世界の成長率平均のほぼ二倍にあたる。さらに、日本を先頭に、韓国、台湾、香港、シンガポールの五ヵ国は、ここ一〇年間で平均成長率八・二パーセントに達し、EC諸国の約三倍にあたる。

元国務次官のローレンス・イーグルバーガーが「米国外交の重心が、大西洋関係から環太平洋地域、とくに日本へ移動する」と発言していらい、レーガン大統領自身が「太平洋の世紀」を口にし、「米国の新フロンティア」と題する特集記事（「USニュース&ワールド・リポート」一九八四年八月二十日号）が組まれるなど、環太平洋地域がにわかに米欧で脚光をあびてきている。

かつてドミノ理論にもとづいて合衆国がインドシナに介入し、それがみじめな失敗におわったとき、だれがいったい、この地域におけるこんにちの安定と繁栄を予想しえたであろうか。むろん、その背景には、米第七艦隊のプレゼンス、そして中国、ベトナム、カンボジア、タイ、その他の隣接諸国間のあいだに成立しつつある微妙な地域的勢力均衡があることも無視できない要因であろう。

だが、わが国が声を大にして主張すべきは、この成功が主として非政府レベルの、私企業を中心とした自由市場の方向で達成された成果だということである。貿易、技術移転、技術協力、対外投資の積極的な意欲などがうみだした民間の活力と「自助」による自然流の成果であって、「進歩のための同盟」とか、「平和の構造」とか、「環太平洋構想」とか、ものものしい地政学的な戦略とかグランドデザインのもたらした成果ではない、ということである。グローバルな見地からみて、南北問題でどこがいちばんうまくやってきたか。アフリカをうけもった西ヨーロッパ、中東や中南米諸国を担当するアメリカ、東欧はじめユーラシア内陸部の周辺諸国を支配するソ連、これらの、大雑把な地域の責任分担と比較するとき、どこがいちばんいい成績をおさめてきたか、おのずとあきらかであろう。「ただ乗り《フリー・ライド》」の愚論をはじめ、日本の国際的貢献度について俗にいわれていることの大半は、要するに、その貢献度をはかる尺度として、古くさいパラダイムによっているせいである。つまり、GNP対比の軍事支出とか政府の対外経済援助費（ODA）などではかれば、日本の国際的貢献が過小に評価されるのはあたりまえである。日本のはたしてきた最大の貢献は、民間レベルの通商、技術移転、海外投資による南側諸国の経済活性化であって、むしろ政府の政治・軍事介入の〝作為〟をできるかぎり排してきたことにあるからである。

いまユーロペシミズムとささやかれるような西ヨーロッパ諸国の経済困難やアメリカ離れがすすみ、それに対応して米欧間の大西洋通商がおとろえ、太平洋貿易が年ごとに増大しつつあるという事実や、アメリカ国内での重心が、北東部から南西部、とくにカリフォルニア地域や、いわゆるサンベルト地帯にシフトしつつある現実は、なにもグランドデザインとか大戦略とかいわれる計画や作為のもたらしたものではない。資本、技術、情報、人口がおのずと、あらたな機会をもとめて移動していった自然のなりゆきの結果なのである。いま、環太平洋地域で生じていることも、まさにそうした自然の流れの無数の動きの集積の成果にほかならない。この民間活力の自然増を自由にとき放っていけば、二十一世紀が、太平洋の時代になることは、まぎれもなく「時のいきおい」といっていい。

だが、戦後日本がその周辺諸国とともに、営々としてきずきあげてきた経済繁栄と政治的安定のなかに、ベトナムで失敗し、いま中米やフィリピンにおいて、おなじ失敗をくりかえすかに見える合衆国が、こりもせず、この地域にわりこもうとする気配が濃くなっている。合衆国が、ECやNATOを「モデル」(これが、どうして、「モデル」になるのか不思議である)として、対ソ戦略上、政治的戦略的見地から、この地域の諸国を再編成しようとする〝さかしら〟ごとにはしるとき、この地域はふたたび、米ソ中大国間の地政略的角逐の修羅場と化すだろう。

「環太平洋構想」とか、自然のなりゆく方向を先取りして、ヴィジョンとかグランドデザインとか称して一種の社会工業的な設計図をあたまに描き、そのモデルに合わせて、いじりまわそうとするとき、なんぴとも予想できない、さまざまな連鎖反応や逆流効果を生じ、その〝摩擦〟の増大で大きな失敗をまねくであろう。その意味で、われわれが戦後四〇年の実績をふまえて、世界にたいしてなしうる最大の貢献は、そうした戦略パラダイムの転換（「作為」から「自然」へ）をもたらす新しい哲学の提示である。戦後アメリカが、東西問題を南北問題にむすびつけるため創りだした戦略パラダイムが、ドミノ理論にもとづく「封じ込め」戦略であった。現在、この「封じ込め」戦略がゆきづまり、それにかわるものが模索されつつあるが、そのあらたな戦略パラダイムが、十九世紀中葉にうまれた、フォン・クラウゼヴィッツの「摩擦」の概念に暗示されているということほど、歴史の皮肉を感じさせるものはないであろう。

ドミノ理論の基底には、疫病の大量感染イメージ（一種の政治的な地理疫学）があった。共産主義という細菌・ヴィールスの侵入・感染を予防、隔離し、できればこれを絶滅するという一種の異物排除と病原菌絶滅主義こそ、その心理的根源にひそむものであった。それは、病原菌・ヴィールス（寄生体）対人体（宿主）の攻防戦とみる単純な機械論モデルであり、生態学者デュポスが、「十九世紀中葉特有の残香」と評した、いわゆる「特定病因論」パラダイムがその根底にひそんでいた。このモデルでは、生物体の宿主抵抗（「抗体」の発生と形成）、免疫、さまざまな生物（有機体）の自己防御機構のもつ、ひろい環境と主体のダイナミズムがまったく無視されていた。

つまり、微生物の寄生と増殖とは、おのずから「抗原」の増量を意味し、生物体は、微生物や細菌、（悪）との共生によって生命を維持していることが、十分よく理解されていなかった。クラウゼヴィッツの偉大さは、戦闘行為というものを、「水中での行動」という「抵抗力をます媒体のなかの行動」としてとらえ、戦争をたんなる敵と味方の機械的な攻防戦とみなさなかったことである。つまり、彼の天才は、「抗原」と「抗体」がつくりだされる有機的全体の生態力学として、敵と味方の攻防戦をとらえることによって、十九世紀的思考のパラダイムを完全にこえていたことにある。アメリカであれ、ソ連であれ、力によって複合的な相互依存の有機的世界に介入し、これをモノのように操作、管理（危機管理）できると考えて行動にでようとすればするほど、内部の抵抗と摩擦が増大し、その帝国を維持、管理する費用のみかさみ、みずからの力で衰退を余儀なくされよう。最近の国際戦略研究所年次報告『ミリタリー・バランス　八四～八五年』も、米ソ両超大国における国内経済事情の困難で、兵器の近代化と軍拡競争のスピードが鈍化し、軍備管理への好機がおとずれていることを示唆している。

米ソ両超大国をはじめ、いかなるパワーもその力で外に介入しようとすればするほど、みずからの重さ、失敗、誤算、惰性、つまり〝摩擦〟によってバランスをくずし、みずからの力で敗れさるであろう。これこそ、わが柔道の極意にほかならない。

*

永井陽之助氏への〝反論〟

岡崎久彦

「吉田ドクトリン」について

『文藝春秋』四月号に、私の拙い戦略論に対して、永井陽之助先生からの御批評〔本書第I章「防衛論争の座標軸」〕を頂いて、まさに渇望したものを得た感があります。

もともと私が、拙著『戦略的思考とは何か』を発表した目的は、その序論にも書いた通り、日本では戦略論というものはまだまだ未開拓な分野でその糸口を見付けるのさえ難しい状況なので、敢えて蛮勇を揮って私見を発表して、皆様の御叱正を受ける過程で、そこからもっと本格的な戦略論が日本にも生まれて来ることを期待してのことであります。

永井先生については、私は、多年にわたって、その該博な学問的知識と知的な閃きに深い敬意を表しているものです。そしてその永井先生が、丁度私と入れ替りに、ハーヴァードで研究生活を送られ、研鑽を積んで来られた後で、この御批判を頂けることは、日本における今後の戦略論争の発展にとってまことに有難いことだと思っています。

わずかに残念なことがあるとすれば、文春連載中の御説〔「現代と戦略」〕を拝見していると、表向きの表現はともかくとして、永井先生の御議論と私の議論との間にあまりにも私が反論すべき相違点が少なすぎることです。もちろん、論争だからと言って、無理に相違点を作り出す必要は無いわけで、欧米において常識として通用する戦略論を共通の言語として議論する以上、その本質的な差異は有り得ようはずもありません。現に、先生の論文の処々で、私の未熟な議論について過分なおほめの言葉を頂いたことに厚くお礼を申し上げます。

たしかに、先生の御説の中で、他にも数多く私の所論に言及されている箇所はありますが、そのほとんどは、言葉づかいこそ否定的に聞えても、論拠、論旨共に私の議論と同じ事を言われているか、あるいは、拙著の中にすでにそれに対する回答の与えられているものばかりです。

したがって言葉じりを捉えての細かい議論などは失礼でもあり、また、もともと不要でもあるのでここでは一切致しませんが、御議論の大きな流れから見て、ここだけはどうも私の考え方と異ると思われる点が二点――ひっきょうは一点に集約されましょう――あり、それがまた、まさに日本における防衛論争の極めて重要な問題点をなしていると思われますので、とくに永井先生に対する反論というよりも、日本の防衛論争全般にわたる問題として既に拙著の中で述べた所との重複を敢えてかえりみずに論じさせて頂きます。

第一点は、まさに永井先生の御議論の根幹にふれると思われる「吉田ドクトリン」についてです。私は元来吉田〔茂〕さんという方は英国風の現実主義者であり、ドクトリンなどとはおよそ無縁な方であって、吉田さんの外交政策は、戦時中軍と対立した経験が生々しく残っていたことから来た反軍思想と、当時の日本経済があまりにも逼迫していて防衛費の余裕などなかったことに加えて、英米世界に対する親近感、信頼感から出たものだったと理解しています。私もアングロ・サクソン協調路線を支持する点では人後に落ちないものですが、はじめの二つの条件については、当時の事情ではそうだった、というだけのことでしょう。

それを「吉田ドクトリン」などというと、「それは何のまじない薬の名かね？」などと、吉田のじいさんに皮肉を言われそうな気がしますし、これをドクトリンとかオーソドクシーとか言う事の中に、大正、昭和を毒した綱領主義に堕する危険さえ潜んでいると思っています。

ただ呼び名にこだわらず、「国の安全はまあ米国にまかせて、日本はまず経済復興だ」というのが、戦後永く日本の政策の中心だったことは疑いのない事実です。

永井先生の御議論を整理して見ると、この政策は「賢明ではあるが一貫性を欠く」という高坂正堯先生の観察を引用され、そして、「平和主義者の〝明快さ〟は彼等が局外者の立場に身を置いているからだ」というスタンレー・ホフマンの警句を引用され、まさにこのホフマンの警句があてはまる「赤旗白旗、降伏論」の平和主義の森嶋理論に加えて、何故か私の拙い議論までを「明快である」範疇に入れて下さった上で、森嶋、岡崎理論共に、「あいまいであるが故に卓越した吉田ドクトリン」の政治的リアリズムには対抗し得ない、という風に論理を展開していられるわけです。

この御議論についても、私は反対でも何でもありません。すべての政策というものが妥協の産物であることは、古今東西不変の大原則です。

私自身局外者どころか、戦後日本の平和主義、憲法、非核三原則等の国会論議をことごとく諳んじるよう訓練されて来た人間ですし、妥協以外に政策があり得ないことは骨身に徹して知っています。しかし私の戦略論の目的は序論にある通り、「日本の政治は最終的にはその時点における国内事情が許す範囲内で防衛政策を決定するのですが、その決定に際してまず参考とすべき客観的諸条件の判断において、国内事情から来るこだわりや希望的観測は一切排して、できるかぎり曇りのない眼で見ることを期する」ことにあります。

客観的条件を全部読み尽した上で、「そう言ってもまだ国内的条件が整わないから、もうしばらく経済に専念して、防衛はアメリカにおんぶするより仕方が無いではないか」というのが政治の結論ならば、私としては、そうなることが日本の置かれている国際環境の中で何時までも許されるかどうかという政策としての実現可能性の問題と、アメリカが「そういうことなら仕方がない」と一時あきらめて呉れても、それが将来の日本の環境をかえって悪くして行く懸念があることなどは、指摘し続けざるを得ないとしても、その政治的決定が続くかぎりは、その政策の実施にはしたがうこととなりましょう。それが、政治というものだと思います。

あの楠木正成でさえ、自らが正しいと思う政策論をしりぞけられた上で従容として湊川に赴いています。正成の策というのは、足利の大軍と正面から戦って勝つわけがないから、足利軍を京都に引き入れ、主上は主力と共に比叡山に立て籠り、正成は河内に帰ってゲリラ戦で敵の糧道を断てば、足利の大軍は補給に苦しんで四散してしまうという、まことに必勝の策だったのですが、王師は正々堂々と敵を迎え討てという公卿の原則論に押し切られて、死出の旅に出るわけです。

もっとも楠木正成の例は、百年以上も政治を離れていた堂上の公卿が建武の中興で権力を握ったばかりで、しかも当事者がかなり独断的な人物だったという、政治決定プロセスとしては史上例外的に悪い環境の中で起ったことで、だからこそ歴史に残っているのですが、普通、政治の決定というものはこれほど無茶苦茶なものではありません。

ごく凡庸な政治的体制下でも、正成ほどの理路整然とした戦略があれば、それに耳を傾ける人も当然ありましょうし、何らかの妥協による次善の策も考えられたかもしれません。現に、防衛論争は不毛だ不毛だと言われながら、日本の安全保障についての日本の政治の認識の深まりは、十年前、二十年前に較べて今昔の感のあることは誰一人否定し得ない所と思います。

ただし、その前提として、誰かがまず理論的に整合性のある政策を打ち出さねばなりません。私が、絶対にこれだけはしまいと自ら戒めていることは、どうせ国内的制約があるからといって、はじめから、いわゆる「バランスのとれた」と世間に言われるような議論の範囲に収めて置こうという態度です。もし、学者、専門家までが、まず客観的事実を見つめ、それに即して整合性のある政策を考えるという義務を放棄するならば、専門家として社会的に発言し、税金を使わしていただいている存在理由を自ら否定することになります。

最近はもうそういうことを言う人も見当りませんが、拙著を書き始めた頃は、「米国が期待するほどの防衛努力を日本が出来ないのならば、その前提となる極東の軍事情勢判断について米国と一致すべきでない」という珍説さえ耳にしました。そして、「それはつまりソ連の潜在的脅威の程度を、日本が今の所整備可能な防衛力に見合う程度と判断することですか？」と反問したのに対して、まさにそう考えておられるのには、二度びっくりしたこともあります。

ここには外界に対する認識の客観性を貫こうという態度は皆無です。目は開いていても外界を全く見ていないと同じことです。

こうして外に目をつぶってしまうと、日本の戦略を考える上での客観性のある基準というものは存在しなくなるので、それぞれの考える日本の対外政策は他人志向型のバランス感覚で決まります。

こういうと左過ぎと言われる、こういえば右寄りと言われる、だからこのあたりが良いだろう、ということで、日本の世論の天秤の上で、誰もかれもが、インテリ好みの真中や中道寄りと他人に思われそうなあたりに蝟集して、そのあたりは足のふみ場もないという奇観を呈します。皆それぞれ処世術も、職業上の都合もあることですから、こういう奇観を呈したからといって、別に良いの悪いのということは何もありませんが、ここからは、客観的な真実の上に立った曇りの無い判断が出て来ることはまず期待できません。

こういうことはどの時代でもある問題のようです。蘇東坡は次のように言っています。

「(平和が続いて草創の頃の事を忘れてしまうと) 能力のある人間も発奮しなくなるし、発奮しても能力をあらわす場もない。能力の無い人間はますます弛緩して用を為さなくなる。そんな時に、指導者が何かをしようとして前後左右を見渡しても使うに足る人間が誰もいない。……上の人は寛大でしかも奥底の知れない人物のふりばかりをし、下の人は好んで中庸（現代語では、バランスが取れた、と言えばピッタリしましょう）と言われさえすれば良いと思っている。……中庸の本来の意味はこんな所にない。こういう人間を孔子孟子は『郷原』（どこに行ってもまともな人間と言われる人）と呼び、それが徳を害するのを忌み嫌っており、汚れた世に迎合する『流俗』と同じことである……」

何も新しい事は考えなくても良い。今のままですべて良い、というのなら「郷原」だけで良いのでしょうが、世の中を少しでも良くしようと思えば別のアプローチが要るわけです。

繰り返して言えば、私が真に希求することは、少くともわれわれ専門家が物事を考え始めるに先立っては、あいまいさ、不合理さをもって善しとする態度は一まず捨て去り、また他人が自分をどう思うかなどという思惑は念頭から払拭して、あくまでも冷徹な客観的認識の上に立った論理的に整合性のある結論を出すべきで、それが国内事情で実施可能かどうかについては政治の判断を仰ぐということです。それが、社会に向って発言するという稀な特権を与えられている専門家の社会的義務であると思います。

軍事バランスなくして戦略なし

ここまで来ると、すぐに第二の問題点が見えて来ます。

永井先生は、私が過去数年間の極東の軍事バランスの変化を強調したことに驚きの念を表された上で、「こういう議論をきいていると、三沢基地に対するF—16の配備計画を正当化するための伏線ではないか、などとついゲスの勘ぐりがあたまをもたげてしまう」と書いていられます。自らゲスと卑下される必要があるかどうかなど、表現の適否は私の問う所ではありません。私が永井先生とはたして共通の言語で話しているかどうかについて落ち着きの悪さを感じるのは、先生がどうもF—16の三沢配備に反対の御立場らしいが、その理由が明らかでないことと、先生が軍事バランスに言及することに不快の念を示していられるらしいことです。

ここには、今まで述べて来た、外界の情勢に目をつぶっていたいという、日本人の一部にある願望と極めて共通するものがある、深刻な問題がひそんでいると感じます。また、永井先生までそう言われるのでは、現在の日本人の中に、三沢のF—16配備の意義についてどこまで理解があるのか、改めて心もとない感じがして来ましたので、ここで、日本をめぐる軍事バランスの実態から説明して置くことは有益と考えます。と言って全体のバランスを述べる紙数もないので、空軍力のバランスだけにします。

航空バランスというのは、飛行機の機数で比較するのは困難なものです。新型機種に更新する度に古い機種の三、四倍も値段がかかるので、機数の方は現勢力を維持するだけでも大変ですから、問題は近代化のスピードですが、一九七〇年代半ばから現在に至る極東ソ連空軍の近代化は驚くべきもので、しかもその間機数も漸増さえしています。そしてこの新機種は全ての面で旧型機より優れているだけでなく、行動半径が飛躍的に大きくなり、日本周辺の空域で優勢をかち取る能力及びその範囲が一挙に拡大しています。

これに対する米軍の方は、機種の近代化は同じように進んでいますが、問題は有事の際の増援の余力です。一九七〇年代半ばまで、つまり、ペルシャ湾を守るシャーの軍事力が健在であり、また、ソ連がカムラン湾、ダナンもまだ使えなかった頃は、グローバルな危機のシナリオの下でも、日本、韓国の周りに、米空母機動部隊を三つも四つも集中することは充分可能でしたが、今は同じ数を薄く広く分けて使わねばならなくなっています。また、米本土から来援できる戦術航空機部隊も、一九七〇年半ば頃期待できたものも今では相当部分はペルシャ湾防衛向けと考えざるを得ません。

制空権の帰趨というものは、揚陸侵攻能力とか、海上交通路とか、国内の産業、民生保護とか、すべてにつながって来るものですから、日本をめぐる軍事バランスが七〇年代半ばに較べて遥かにきびしい条件となっていることは世界いかなる専門家も反対の無い所です。

そんな時にアメリカが三沢にF—16を四八機も配備して呉れる——こんな有難い話はありません。しかも、米国内の一部には、日本が何時までも真剣な防衛努力をしないのならば日本を見捨てると言っておどしてしかるべきなのに、一方的に日本の防衛力増強を助けてやるとは何事だ、という反対さえあるのに、これを押し切って決定されたものです。

ちなみに、日本の防衛予算は、現在毎年約二千億円ずつ増えていますが、F—16四八機を日本が調達、配備維持するとなると約三千億円はかかりましょう。これを三年間で整備するとすれば、「突出」だなどと言われている今の防衛費の増加率をもう五割増加しなければ出来ないことです。これを米国が一方的にして呉れる、つまりその分だけ公共投資とか、社会福祉の分が助かっている、ということは、まさに「吉田ドクトリン」信奉者としては最も歓迎すべきことなのに、どうも御不満らしいという所が、もう一つ、すっきりと私の論理的な理解になじんで来ない所です。

古来、軍事バランスなくして戦略はあり得ません。相手の方が明らかに強い時、同じ位で戦ってみなければどっちが勝つかわからない時、相手の方が明らかに弱い時、それぞれの場合で戦略戦術が異って来るのは、子供でもわかる話です。要は、彼を知り、己を知らないで戦略というものはないということです。ただ「彼を知る」と言っても、自分の力と比較しての彼であり、「己を知る」と言っても、相手と比較しての自分の力ですから、軍事戦略を論じる場合はひっきょう軍事バランスを知っているかどうかということです。

もちろん軍事バランスと言っても、そう簡単な話ではありません。純軍事的に言っても、短期戦か、そうでなくても緒戦では現在手持の戦力と即応態勢、長期戦となって来ると、潜在的な経済技術力や、生き残り能力《サバイバビリティー》が問題です。それもまた全部、シナリオによって異りますし、シナリオということになると、国際情勢全般の判断の問題にもなります。

ここでは、到底、その全てを説明する紙数もありませんが、一つだけ従来私が感じて来たことを申しますと、戦後、日本の防衛論争を不毛のものにした一つの原因は、一般の常識の中で軍事的専門知識が欠如してしまったことではないかと思っています。

戦前は中学生でも、陸奥、長門が三万三〇〇〇トンで一六インチ砲を持っている事実と、それが極東の国際政治に持つ意味を正確に把握していましたが、今はSS―20の、MIG31のと言っても何の事かわかりません。

これが最もきわ立つのは国際的な場で、最近は日本側の軍事知識の水準も上がって、皆SS―20などを論じるようになりましたが、国際会議などで、一たん話が軍事のことになると日本だけ蚊帳の外という例は少くありませんでした。

専門知識というものは、それ自体は事実の羅列に過ぎませんが、この基礎がないと、どんな大所高所からの議論も根無し草になるおそれがあります。

私事にわたって恐縮ですが、私が、防衛と並んで日米間の二大問題の一つである日米経済問題について問われても、極力発言を差し控えて来ましたのは、私自身マクロ経済をかじったこともあり、また私なりの観察や考えも無いではないのですが、日米間で問題となっている種々の品目について、夫々《それぞれ》の業界の実態、問題の経緯などについて、事実に即して勉強する機会が無かったために、私の議論の中にどこか現実離れしたものがある可能性のあることが恐ろしいからです。

日米の信頼関係は守れるか

ちなみに戦略論を勉強する正攻法は何かということについて、私自身はそろそろ結論というか、確信に近いものを持ちつつあります。

それは充分な軍事知識を持った上で外交史、あるいはもっと広く戦史も含めての国際関係史を精読することだと思っています。

そのどちらが欠けても駄目なのでしょう。そして又、おそらくこの原則は、逆の意味で対外経済政策についても同じことではないかと思っています。逆の意味というのは、日本の国家戦略論には軍事的専門知識が欠如しているのに対して、対外経済論においては、国家全体の観点よりも、専門的知識が先行しているという意味においてです。

同様に軍事バランスを見るにあたっても、軍事専門知識と大局的な国際情勢判断とのいずれが欠けてもいけないのでしょう。

また、そういう広汎な判断を綜合しての上である軍事バランスというものは、大きくは国際政治全体、小さくは個々の兵器体系に至るまで、刻々変化するものですから、瞬時も油断することなく見守っていなければなりません。これが情報の重要性であり、情報と戦略というものは常に表裏一体をなすものです。

もし軍事バランスを無視して戦略を決めようとすると、前の議論と同じように、決める客観的な基準がありませんから、「このあたりならマスコミや議会に表現される世論の抵抗も、財政当局の抵抗もまあまあだろう」ということで決めることになります。

これは一時は糊塗し得ても、種々の大きな危険、端的に言えば自由な民主体制の基礎を揺がす危険を蔵しています。万一、有事の際に日本がその独立と自由を守り得るかという根本的な問題は常に未回答のままということになりますし、また、日本の言っていることが国際的な水準から見てあまりに客観的妥当性がないと、「吉田ドクトリン」の根幹である日米関係の信頼さえ傷つけるおそれがあります。また、国内的には、何故それだけの防衛力が要るのだという左からの批判に対して、説得力のある説明が出来ません。更に逆に、これで本当に日本を守れるのだろうかという現実的な質問――国民の大多数は現実主義者です――に答えられないままで放置していると、万一の時の日本の安全を求める焦燥感から、かえって右傾化の危険性さえはらむ惧れがあります。

以上、二点気が付いたことを申し上げましたが、日米の同盟が、日本の安全保障の基軸であるということから発している点では、永井先生の御立場について、私として、もとより異論のあるはずはなく、もし意見の違いがあるとしても、その狭い限られた範囲の中でしかあり得ないわけです。あとは、その範囲の中で、いかに、日本が置かれている国際的環境とその時々刻々の変化を正確に把握するかということと、その正確な認識の上に立って、日本国民の安全を守るのに足り、日米間の信頼関係をつなぐにも足る国家戦略と防衛体制を考え抜くかということが、われわれに課された課題だろうと思います。

（『諸君！』一九八四年六月号）

対論　何が戦略的リアリズムか

永井陽之助
岡崎久彦

ソ連をどう見るか

岡崎　北からの脅威をどう見るかということで言えば、私の考え方は、米ソの間に戦争があれば、日本はどうしても巻き込まれるということですね。それは日米安保条約があるとか、三海峡阻止とか、そういうことには何の関係もない。ただ日本の戦略的環境ゆえに巻き込まれてしまうという話です。

第二次大戦のときに、スイスとスウェーデンは中立ができて、デンマーク、ベルギー、ノルウェイ、フィンランドは中立ができなかった。これは、ベルギーとかデンマークの国民が、心の底から平和を願う点において劣っていたとか、平和外交に徹することを怠ったとかとは、まったく関係がない。大国の勝手でもって巻き込まれるか巻き込まれないかが決まる。

『ジェーン年鑑』の八三年、八四年の版では、戦争があった場合に最もあり得そうな事態は、ソ連が北海道の北方を占領するだろうと書いてある。また最近の『ジェーン』のウィークリーは、戦争があった場合は、北海道の全部または一部を占領するだろう、そう書いていますよ。ですから二次大戦でも一次大戦でも、当然ドイツはベルギーを通った。これは既定事実です。『ジェーン年鑑』などの判断が正しいとすれば、そういう事態が北方で起こっているということです。

永井　私も、日米安保条約があろうと、非同盟中立の姿勢をとろうと、米ソ間に全面的な戦争が拡大していく状況になれば、日本は何らかの形で戦争に巻き込まれるという、日本のもっている地理的環境に対する認識は同じです。逆からいうと、多正面の戦域にわたって戦争が拡大するということが起こらない状況において、突然北海道にソ連が侵攻することはあり得ない。あり得るとすれば、グローバルな規模で米ソが武力対決する場合のみという点で一致しています。

岡崎さんとの相違点を言いますと、いま第二次大戦の例を出されましたが、ドイツとソ連という二つの強大な陸上パワーに挟まれた東ヨーロッパ諸国、あるいはフィンランド、ノルウェイ、デンマーク、その他の国々が、いろいろな形で戦争に巻き込まれていった。

しかし、各小国は、それぞれ地理的地位だけではなくて、外交の姿勢、国民や政府の主体的な対応によって国家のたどった運命に大きな変化があったということです。たとえばポーランドは、よくドン・キホーテといわれるように、国家の栄光や威信を優先させ、ドイツにもソ連にも抵抗し、全人口の二〇％近くの犠牲を出している。チェコスロバキアは、いまの日本に似てるかどうか、ともかく、「命あっての物種」か、「花よりダンゴ」で、無抵抗だった。そのため、国民の犠牲は少なかった。フィンランドは、猛烈なゲリラ戦で赤軍に抵抗し、完全なソ連の衛星国になることなく、かなり有利な条件で暫定協定をむすび、あの小国がミニマムな自主性を確保している。チトーのユーゴはいうまでもありません。そういうふうに、対応の仕方はいろいろあって、戦争の巻き込まれ方が違う。この第二次大戦における小国の役割とか、対応、その外交戦略——日本こそその小国外交を学ばなければいけない、これが第一点です。

それから、ぜひ言わなければならないことですが、通常「ソ連の脅威」とよばれているのは誤った言い方であって、正しくは「米ソ武力対決の脅威」なんです。これまでソ連が革命勢力もしくは現状打破勢力で、アメリカは現状維持勢力という規定があったわけですが、レーガンの新しい戦略をみると、もはやそうとのみ言えなくなった。レーガン戦略には三つの特徴がある。第一は、攻勢的前進基地戦略ともいうべきものです。第二は、ワインバーガー＝レーマン戦略とかいわれる「同時多発戦略」です。サミュエル・ハンティントン教授（ハーバード大学）も、「地理的リンケージ」を強調している。第三に、もっぱら核抑止のみに頼るよりも、比重を少しずつ対兵力理論を含んだ直接防衛（対処）戦略に移す、という諸特徴をもつものです。そういう意味で西側も、現状維持や戦略守勢にとどまるのではなく、場合によっては攻勢にも出るということを示している。

岡崎　たしかにレーガンさんの演説には、巻き返しのニュアンスがあるものが一、二ありますよね。しかし、そうでない演説のほうが多い。まして国防総省を含めて米政府の戦略そのものとしては、西側から攻めて行くというのは一切ありません。ハンティントンさんの議論というのも、要するに、ソ連が西ヨーロッパに攻めて来たら、ただ防衛するだけじゃなくて、東ヨーロッパに攻め込むぞということでしょう。もし西側が攻め込んだら、東ヨーロッパの同盟国はソ連にとってあまりアテにならないから、それはソ連の弱みなんだ。だからソ連の弱みを衝く戦略がこちらにもあるぞ、ということを示すことによって、ソ連が西側に攻めてくるのを未然に抑えることができる、そういう考え方なんですね。それから、どんな形で米ソ戦争が起こるにせよ、結局日本が、米国と共に対処すべき相手は「ソ連の脅威」ということでしょうね。日本の防衛戦略も防衛体制も、結局そこから出発するほかはありません。

永井　ハンティントン教授の主張は、非常に危険な考え方だと思うんです。ポーランドはじめ、ソヴィエト帝国は内部に脆弱性をもっていて、その一番脆弱なところを衝くということを戦略的オプションとして持っていること自体が、抑止になるという考え方は、ソ連に対する、たいへんな挑発になるんじゃないか。

その前提として言っておかなけりゃいけないけれども、日本のハト派というか、平和主義者は、しばしばソ連は内部に脆弱性をかかえこむから、攻勢には出る余裕はないということを言う。しかし、これではいまのレーガン政権のまわりにいる戦略家たち、E・ルトワックなど、タカ派の頭の切れる、鋭い軍事的リアリストには対抗できない。ルトワックは、ローマ帝国以来、いかなる陸上帝国も〝防御的に〟勢力を拡大するものだと言って、ジョージ・ケナン流の、ソ連は内部に脆弱性もち、守勢に立って外へ出る余裕がないという意見に対し、鋭い批判を浴びせているわけですね。ハンティントン教授も、「いかなる帝国も、平和裡に凋落することはあり得ない」という。

岡崎　そうそう。

永井　その点は非常に正しいと思います。しかし、弱いところを衝く戦略をもつべきだというハンティントン教授の意見には疑問がある。

岡崎　まず、ソ連は内部が弱いゆえに出て来ないというのは間違いだという点ですが……。

永井　いや、日本のハト派は、そういう立論をする。それは間違いというより、論理的に説得力がないと、私は言っているわけです。内部が弱いから出てくる場合もあり得る。日本がパール・ハーバーをやったのはその典型的例でしょう。

岡崎　私は反対なんです。私はソ連というものをもっと尊敬してるんですよ。ソ連というのは、自分が弱いときはけっして出てこない。日本のようにパール・ハーバーに出てくるということはしない。そう思ってるんです。

それには二つの理由がありまして、一つはソ連の戦略的伝統なんですよ。ロシアは自分が圧倒的優勢じゃないと攻めてこない。日露戦争のときでも、会戦のたびに少しずつ後退する。圧倒的優勢になって初めて、攻勢を始めようかと言ったら、国内に革命騒ぎもあるし、その直前に日本海海戦で負けて、ツァーが止めろと言った。ナポレオンの場合もヒトラーのときもみんなそうで、後退しながら敵の損耗をはかって、圧倒的優勢になるまで攻めてこない。これがロシアの伝統的戦略。

もう一つは、共産党の原則でありまして、あくまでも情勢判断にしたがう。時期が熟さないうちに暴力手段に訴えれば、これは左翼小児病。はね上がりなんです。時期が熟さないのに、破れかぶれでやるなんていうことをしたら、もはや共産主義者じゃない。その意味で、ソ連というのは、こちらのほうが力が強いときは絶対信用のできる国なんです。それが私の戦略理論の一つの基礎にあるんです。

ですから、いまアメリカが軍備拡張している。そうするとアメリカがどんどん強くなってしまう。先の見通しが悪いからいまがチャンスといっても、やってみれば五分五分ぐらいで、どっちが勝つか分からないのが現状だ。そういうときは、ソ連はやっぱりもう何年でも臥薪嘗胆するんでしょうね。そしてまたいつかアメリカが軍備を緩めて、だらけるのを待つ。それがソ連の国民性であると同時に、共産主義というものの基礎理論であるというふうにまず考えているんです。

永井　ぼくはそれについて反論があるわけじゃない。ぼくが言ったのは、ソ連という国は、経済、技術、農業生産、エネルギーや労働力、国民の士気、あらゆる点で脆弱な点がたくさんある。だから、とても外に出てくる余裕はない、という論拠だけでソ連の脅威なしとする日本のハト派の議論では、アメリカの鋭いタカ派の議論には対抗できない、という意味です。結論的には、ぼくもソ連が攻勢に出てくるという議論じゃない。西ヨーロッパとか日本とか、アメリカとの明確なコミットメントをもっているところで、公然たる攻勢に出るなんていうことは、およそレーニン以来の戦略に馴染まない。その点は一致している。

岡崎　それは分かりました。しかし、ハンティントンの戦略というのは有効だろうと思うのです。弱みがあればそれを衝くという戦略を持っていれば、そうか、それじゃ怖いから攻めるのを止めようということはありますよ。

永井　いや、ソ連は急所を衝かれる前に、どこかのソフト・スポットで先制攻撃に出るという挑発にもなりうる。ハンティントン教授の現状分析では、ここ二、三年ならソ連は相対的に優位であるけれども、それ以上たつと不利になる。やるならいまだとソ連は思っている。長期的戦略はペシミズムで、短期的戦略はオプティミズムであるから、そういう場合に奇襲攻撃が起きる可能性がある。しかし、私の分析では、ソ連はかつての日本ほど絶望的でもないし、戦略的にそんなリスキーなことはやらないだろうと思っている。だが、いまのソ連が戦争直前のドイツと日本に似ているといいながら、他方で、弱いところを衝くというリスキーな戦略を、ハンティントンが打ち出しているのは矛盾だと思うんです。太平洋戦争のときにだって、米国は石油資源という日本の最大の弱点を衝き、抑止より挑発になってしまった。ハンティントン教授の情勢分析から本来出てくるべき結論は、ソ連の長期的に見た戦略的ペシミズムをもっと緩和するような戦略と、戦術上の短期的オプティミズムにならないような、ソフト・スポットに対する拒否力や抵抗力を補強する戦略との二本立てなはずなのに、状況分析と政策とが食い違っているというのがぼくの批判点なんです。

岡崎　ソ連の場合は、いまの趨勢では、今後一〇年も二〇年も差をつけられるかもしれないけれども、だからといって戦争はしないと思いますよ。そういう意味の戦略的ペシミズムで戦争をする国じゃないと私は思っている。

戦略の意味

永井　ハンティントン教授の名が出たんで、それにからめて言いますとね、岡崎さんが『戦略的思考とは何か』の中で再三おっしゃっている「日本には戦略はないけれどもアメリカにはある」ということ、これがぼくと根本的に違う点なのです。むしろ逆の印象なんです。戦略というのは手段と目的との間のバランスですね。手段には限界があり、動員できる資源も有限であるとき、初めて戦略的思考というのが必要となる。ところが六〇年代から七〇年代の半ばぐらいまでは、何といったってアメリカは圧倒的な力の優位を占めていたから、戦略なんていらない。ハンティントンの言うには、八〇年代に入って、ようやくアメリカは自分の資源が有限であり、あらゆる場合に備えて、それに軍事費を割くわけにいかない。世界中あらゆるところを守るわけにもいかないという限界を知った。そこで初めて戦略とか、手段の優先順位とかいうのが重要になってきたということを言っている。

また最近読んだ『インターナショナル・ヘラルド・トリビューン』紙で、ジョセフ・クラフトが、あるヨーロッパの政治家の言として引用していることが面白い。まったく名言だと思うんです。「日本はストラテジーをもっている。アメリカはドリーム（夢）しかもっていない。これではヨーロッパは、身のおき場がない」とね（笑）。これは、ヨーロッパ的な見方からいうと、ニクソンだけがヨーロッパ的な大統領で、あとの大統領は全部アメリカ的で、とうていヨーロッパ人からは理解できないという文脈の中で述べていることですが、たいへん面白い。

そこで、岡崎さんが日本は戦略的思考がないということで徹底的に批判なさるけれども、戦後の日本くらい、明確な戦略をもっている国はないのではないですか。言うまでもなく、現代では、国内経済、技術、貿易とかを、すべて含めた意味での国家戦略で、せまい軍事に限るものではない。そういう見地に立てば、ヨーロッパ人の眼には、日本ほど明確な国家戦略をもっている国はないように映じる。アメリカにはまったくない、あるのは夢だけだ。こういう見方もあるということですね。

岡崎　これは永井先生のおっしゃることと表裏をなすので、ちっとも反論にならないんですけれど、軍事戦略については、日本の環境とアメリカの環境とまったく同じだったんですね。つまりアメリカが圧倒的に強いときに、戦略も何もないんですよ。だから、戦略論は花ざかりでも、理論のゲームのようになってしまった。日本だってアメリカが圧倒的に強いときに戦略も何もない。放っといたってアメリカが勝つんですから。だから軍事戦略は必要なかった。アメリカとソ連がパリティーになって、しかも極東の軍事バランスまでもきわどくなって、それで初めて戦略が必要になってくる。その意味で、日本はまさにいま軍事戦略が必要だ。

それを、先生のおっしゃるもっと広い意味の国家戦略ということならば、これはアメリカが強い間は、六〇年安保、七〇年安保を安保堅持で頑張ったということは、理論的整合性のある国家戦略なんですね。

永井 それをぼくは「吉田ドクトリン」とよんでいるわけ。ワシントン大学のパイルさんも同じ語を使ってるが。

おっしゃる通り、その意味で、日本は立派な国家戦略があったんですよ。

岡崎 だけどパイルさんも、吉田さんはそんなものはないと断言したと書いてますよ。

永井 それは関係ないんだよ。「ギョエテとはおれのことかとゲーテ言い」なんです（笑）。いまマルクスが現れて、ソ連とか中国に行ったら、「マルキシズムとはおれのことか」と言うに決まってる。吉田さんは、「吉田ドクトリン」なんてぼくが言ってるのを聞いたら、噴き出すよね。おれはそんなこと言ったおぼえはないと……。

岡崎 噴き出すか、「バカヤロー」と言うか……。（笑）

永井　講和条約を結び、名実ともに独立を達成したら、帝国陸海軍を再建するつもりだったと言うに決まってる。だから本人の「意図」とは関係ないんです。保守本流の外交路線の総称です。

岡崎　社会学的定義ですね。

永井　そうそう。一つの生き方みたいなものであって、吉田茂が本当にどう考えているかということと「吉田ドクトリン」とは全然関係ないんだ。ちょうど「トルーマン・ドクトリン」が、トルーマン自身や、ジョージ・ケナンが、どう考えていたか、ということと関係ないみたいに。

アメリカの情報にどこまで頼るか

岡崎　アメリカが圧倒的な力を失ったいま、米ソのバランスはどうなっているかということですが、そこでパリティーの意味について触れなければなりません。

永井　お得意のところですね。どうぞ。

岡崎　とにかくアメリカでも共和党と民主党は言うことが正反対で、いろんな議論があり得るんですが、戦術でパリティーというのは、おおよそ一と一・五の間だそうですよ。一と一・五で戦争しますと、どっちが勝つか全然分かんない。運のいい方が勝ったり、作戦のいい方が勝ったりする。それで、もうアメリカがソ連に追い越されたと言っている人も、ソ連が二倍になったとは言っていないし、アメリカの方がまだ強いと言う人も、二倍だとは言っていない。要するに、いずれにしてもパリティーに達しちゃったんですよ。つまり、アメリカの明白な優勢の時代が終って米ソが戦争したらどっちが勝つか分からない状況になってしまった。それによって戦略的環境がいっぺんに変わったということです。

永井　「軍事バランス」という言葉があって、これで議論すると変なことになる。軍事バランスとか、ラフ・パリティーというものが保たれていないと、相互抑止もダメだし、平和も保てないということになると、圧倒的に力の優位をもっていたのはアメリカだ。それに懸命に追いすがり、何とかバランスを回復しようとして必死にやってきたのはソ連のほうなので、ソ連こそ世界平和に対する最大の貢献者だという、へんな結論にならざるを得ない。

岡崎　その通り、へんなんですよね。

永井　岡崎さんが、そう簡単にそれを認めてしまっては困る。そもそも八二年夏のシリヤ＝イスラエル戦闘みたいに、戦争をやってみないと分からない話を、米ソがバランスしてるとか、兵器の数量とか、質とか、いろんなことを考えて、ウォー・ゲームをして、どっちが強いとか弱いとか議論しているけれども、これはあまり意味がないような気がするんです。

岡崎　意味ないですね。どちらも明白な優勢はないということがわかればいいんですよ。均衡の話ですけどね、日本でいかに戦略論が遅れているかということの一つの現れは、「均衡」という訳語ですよ。バランス（Balance）を均衡に訳し、パリティー（Parity）を均衡に訳し、エクイリブリアム（Equilibrium）を均衡に訳しちゃう。これを英語的に言えば、バランスというのは比較、較量であって、むしろ差額なんです。

永井　秤りとか、バランス・シートのバランスですね。

岡崎　だから『ミリタリー・バランス』という本があるでしょう。あれは「同等」なんていう意味はどこにもないでしょう。それからパリティーというのは、同等ということなんです。エクイリブリアムというのは、これは難しいんですが、少くとも結果として安定した平和が保たれている状況。

そうしますと、かつてアメリカの圧倒的優位のもとに安定した平和が三〇年続いた。これは歴史的事実です。要するに、かつてエクイリブリアムがあったんですよ。そしたら、米ソのバランスがだんだん変わってきて、米ソがパリティーになり、その結果、かつて存在したエクイリブリアムは存在しなくなった。ということを日本語で言いますと、米ソの均衡が変化した結果、米ソが均衡に達して、その結果、かつて存在した均衡が失われたことになる。なんのことか、まったく分からない。ですから、「均衡」という言葉がおかしい。

永井 それは分かりますよ。しかし歴史的に見ると、アメリカはいつも自分が優位に立つことで平和が保たれていると考え、その優位を保つために、いろいろなことを口実に軍備増強をやってきた。たとえばアイゼンハワー時代には、アレン・W・ダレスCIA長官が言い出した爆撃機ギャップ、ケネディ政府出現前のミサイル・ギャップ。これらは嘘だったわけですね。嘘だということはアメリカは分かっていた。ただ政治的に、そう信じたほうが軍事力増強に都合が良かったわけだ。アメリカの優位がやや失われたと言っても、そうなると狼少年の話みたいで、結局信用できないという感じになってしまう。たとえば、ポール・ニッツェやリチャード・パイプスなどが力こぶを入れている反共的な宣伝団体で「当面の危機委員会」(Committee on the present danger)が出しているパンフによると、ソ連の戦車の年間生産台数などは、国防総省の数字を二倍に水増しして六〇〇〇台と、書いている。

そして国防総省自体が、ソ連の脅威のインフレをあおっている。たとえば一九八一年版『ソヴィエト・ミリタリー・パワー』を見ると、ソ連は年間三〇〇〇台もの戦車を生産していると書いているけれども、実は七〇年代終りまでは四五〇〇台を生産していた。だから、正確に言えば、八〇年代には、一年間一五〇〇台減産になったと書くべきなんです。ところがそうは書かない。これが現代の軍事バランス論の特徴だ。ソ連の軍事力がいかに凄いかということを、誇大に言うわけですよ。とくにソ連のアフガニスタン介入以後のソ連脅威論は、水増しした大袈裟なことをうんと言う。そういう意味で、軍事バランス論議というのは眉ツバものという気がする。

岡崎　それはむしろはっきり反論しておいたほうがいいでしょう。誇大な発表はしていないです。七〇年代に四五〇〇と発表して、いま三〇〇〇と発表したら、それでいいだけの話でね、これは誇大でもなんでもない。だいたいソ連の軍事力というのは、出ている数字より必ず大きいと思うと間違いない。

永井　くわしくは、『文藝春秋』六月号〔本書第Ⅲ章「ソ連の脅威」〕に書きましたが、どうも怪しい。

岡崎　新しい数字が出ても、何度も再確認するまでは出さない。翌年の年鑑まで延ばすんです。だから現在出ている数字より必ず大きい。もちろん、それはソ連軍事力が増えつづけている時の話で、減っているのなら逆になる。タイム・ラグから起こる現象です。

永井　いまはね、U―2偵察機とかスパイ衛星とか、そういう科学的インテリジェンスが発達したために、それに依存する結果、非常に奇妙なことが起きている。ウクライナ地方のカルコフに戦車工場があって、ここの生産台数がかわらず、年間五〇〇台とファイルに記入されている。おかしいと思って、ある担当官が調べたら、カルコフ上空は一年中、密雲が立ち込めて、スパイ衛星のカメラが写せない。そこで担当官は、ゼロから一〇〇〇台の中間をとって五〇〇台にした。そういうバカみたいな話がたくさんある。

岡崎　その場合、われわれには、誤差率一〇〇%とか誤差率五〇%と必ず言ってきている。どうして五〇〇かということを、われわれは必ず詰めますからね。詰めると理由を必ず説明しますよ。だから間違えようがない。

永井　でも、CIAのチームBというのが、ブッシュ長官のもとに、一九七六年に出来たでしょう。あの報告が政治的なものであることは岡崎さんもお認めになるでしょう。

岡崎　でも出てきた数字は必ずつき合わせる。

永井　そうですか。でもCIA内部からの批判もくすぶっていた。昨年（一九八三年）暮のCIA報告は、これを全面的に否定している。

岡崎　そういうことはあっても、日本のほうはそれなりにプロだから。

永井　いや、日本が信じるかどうかじゃなくて、そういうチームBのようなものが、政治的に影響力をもったわけですよ。アメリカの国内世論を喚起するために。

岡崎　要するにアメリカが日本に対して情報操作しているかどうかという問題ならば、私は専門家としてはっきり申し上げる。もし一度同盟国を本気で騙したら、あとは信用されないですよ。これは商売と同じでね、ケチな騙しをやったら、商売できないですよ。どんな野心的な、乱暴な社長でも、お得意様を騙したらやれませんよ。

永井　有名な「ゴム製潜水艦」事件というのがあるでしょう。七〇年代初め、ソ連はアメリカがスパイ衛星で写真を撮っているのを知っていて、北洋艦隊に鋼鉄製ではない新型潜水艦を混ぜて並べた。嵐が来て、半数が沈みかけて、そこで初めて鋼鉄製でないことが判った。文字どおり「ハリコの虎」。

岡崎　それはその通りでいいんです。それはアメリカが情報操作で日本を騙してるんじゃない。アメリカが騙されている。

永井　いや、ぼくが言ってるのは、アメリカ政府もバカじゃない。アメリカは嘘と知りつつ真に受けているんだということなんです。ソ連が強い、脅威だと言ったほうが軍事予算を議会で通すのに有効だからです。かつてポール・ニッツェ自身が、そう告白している。つまり、米ソ共に、国内に軍事機構というのがあって、その機構のロジックで、お互いに脅威をインフレにする必要があるからやっているんです。だから日本だけが本気になるのは阿呆みたいな話じゃないかというのがぼくの議論でね。

岡崎　政策論としては、アメリカの情報に頼るべきじゃないという説ですか。

永井　ロンドンの戦略研究所はじめ、いろいろ多様な情報があるわけだから、アメリカの情報だけが正しいというふうに思い込むというのもどうかしら。要するに、軍事機構に内在する傾向というものに、もっと懐疑的にならんとね。

岡崎　それはむしろ現にしていることでね。イギリスの数字はよく使います。日本にも独自の計算の方法がありましてね。極東のソ連海軍の数字などはアメリカより日本の推定のほうが大きい。そうなると、専門家同士というのは数字をつき合わせて、どういう理由で違うかを議論する。そうするとお互いにクライテリアが違うことは分かって、そういうことかと納得する。専門家同士が騙すとか誇大宣伝するということはあり得ないんです。

永井　それとね、この軍事バランス論の中で、もっとも欠けているのは、ソ連軍機構内部のソフトウェアの面ではないかと思うんです。ある程度分かってきたことですが、今日の赤軍内部の犯罪率、アル中、わいろの横行などの内幕は想像を絶するものがあるわけです。そういう練度、士気《モラール》とか、ソ連海軍の潜水艦の故障とか、稼働率一一%くらいとか（米国は六〇%）そういうことを入れて考えると、はたして本当に言われるほどの脅威なのかどうか、問題があるのじゃないかという気がしてるんでね。

岡崎　それを全部勘定に入れて、一対一・五、つまりほぼ同等という範囲内ならば、大局的情勢判断を誤ることはないわけです。軍隊の規律の問題はどこにでもあることですが、そういう局部現象をプレイ・アップして、パリティー以上の差があるような誇大な印象を与えると、大戦略を誤ります。

アメリカの情報の欠点は、あらゆる書物でも指摘されています。ただね、戦前、戦中の日本の孤立時代と比べて、アメリカとつきあっているいまのほうが、どれだけいいかわからない。私の「アングロサクソン論」の一つの根拠は、たとえば学校で、どうやったら情報が得られるかといえば、一番秀才のグループで先生の出題傾向も知ってるやつとつき合っているのがいいんです。そういう連中も間違えることがあるとか、情報操作される恐れがあるなんていうので離れたら、損なんです。そんなウジウジしたことは考えないで、むしろ情報操作をされないぐらい、もっと深く入り込んで仲良くすることによって、情報はよくなる。

抑止とは何か

永井　ぼくは、論理的整合性という観点に立つとき、岡崎さんの防衛論とロンドン大学の森嶋通夫教授の防衛論とが双璧をなすと考えているんです。これはぼくの図式（二三ページ参照）でまったく両極に位置している。一方は「同盟」や軍事力にたよる「抑止」の効力を否定し、ソフトウェアによる国防に望みを託す純然たる防衛論であるし、他方は、日米軍事協力の重要性を力説し、その手段としても軍事ハードウェアに傾く抑止理論ですね。「抑止」を認めるか認めないかで二つの論理が成り立つわけです。岡崎理論、森嶋理論はそれぞれそれを精緻化した対極の議論です。これは幾何学にたとえれば、平行線の公準を認めるか認めないかで、認めればユークリッド幾何学が成り立ち、認めなければ非ユークリッド幾何学が成立する。どちらもシステムとしては内部的な論理的一貫性をもっている。しかし、物理学の世界と違って両理論とも実証も反証もできない。だから、神学に似てくる。いわば、平行線の公準に当たるのが抑止なんですよ。

岡崎　難しいな（笑）。分からない話ですね。

永井　いや簡単な話なんで、「抑止」の有効性は、実証が不可能にちかい。それは、「抑止」の反対語を考えてみると分かる。「強要」という造語がある。つまり、「抑止」とは、相手方にドゥーイング・ナッシングを強いること、「強要」というのは相手方にドゥーイング・サムシングを強いることなんです。要するに、じっと静止している人間に対して、お前一歩でも動くな、動いたら殺すぞというのが抑止なんだ。そこで抑止ということの難しさは、一体、相手方がじっとしているのは、一歩でも動いたら殺すぞと脅かされたから動かないのか、それとも、そもそも動く気（意図）がなくて動かないのか、だれにも分からないことにある。

岡崎　分かるときは、抑止が切れたとき。

永井　そうそう。核戦争になっちゃう。そういうパラドックスがある。「実証」不可能なので、森嶋理論も岡崎理論も成り立つ。両方整然としている。（笑）

岡崎　抑止というのは、もとからいえば核だけの概念ですよ。

永井　ぼくもそう思う。核兵器は自殺兵器という面があるわけです。その存在理由は、従来の手段と目的のバランスという観点からは基礎づけられない新しい概念なんだ。この頃、やたらに抑止の意味を拡張して混乱が生じている。

ここで一番大問題は、ソ連が「強制的抑止」という概念をとっている、あるいはとっているのではないかという疑惑を、西側がもっていることじゃないかと思うんだ。つまり、ソ連は、核戦争下でも、戦争をたたかい勝利を収め得ると信じて、フォン・クラウゼヴィッツ流の伝統的戦略論に立っていると、西側の一部戦略家は信じている。

岡崎　これが分からない。ただ、そのウォー・ウイニング・ストラテジーがあると考えるか、あるいは相互確証破壊があるか、どっちか一方の戦略しかないというふうに二者択一ではないのじゃないかと私は考えるんです。核全面戦争が起こっても、要人とか軍事技術者とか、戦争に必要な人員は順番に地下のシェルターに入るようになっている。だからやると言うんですが、にもかかわらず、やはりひどい損害を被るようなことになるので、全面戦争を賭してものウォー・ウイニング・ストラテジー自体にも私は疑問があります。それならば相互確証破壊かというと、それも信頼できない。信頼できれば米ソはパリティーでいいということになる。しかし、アメリカが優位にあるほうが、やはり日本はより安全なんです。おそらく実際に起こる戦争は両者のいずれでもないのでしょう。

永井　初めに言ったように、米ソ間の戦争が起きるかどうかが、日本の安全にとって決定的に問題なんであってね。危機安定化《クライシス・スタビリティ》ということからいえば、相互確証破壊（MAD）のほうがいい。譬えになるけれども、小さな部屋があって、そこで手榴弾を持った二人の男が対峙している。これは米ソだとして、この二人は投げあったら共倒れになることがハッキリしているから、自殺行為はやらない。むしろ安定している。ところが持ってるものが手榴弾ではなくて拳銃で、しかも相手方の拳銃だけをはねとばす腕をもち始めたのではないか、という疑心暗鬼がお互いに生じている場合のほうが、はるかに緊張感が高まる。先に撃ったほうが圧倒的に有利になる。対兵力理論のもつ危険性はその点にある。

岡崎　軍備競争《アームズ・レース》というものを止められるほど人類は利口になったかということでしょう。手榴弾の譬えよりも、安定性からいうと、歴史上、中世に何百年も安定した時期があるんです。城ですよ。これは攻める方法がない。この安定がなぜ急速に崩壊するかというと、大砲が出来たからです。大砲で城壁が崩れる。その場合、誰かが大砲を発明するでしょう。そのとき、もう大砲作るのを止めようじゃないかということが可能だったかどうかですね。不可能だったと思うんです。自分は作るのを止めるといっても、どっかで作りますからね。一般的に言って、ある国が落ち着いて平和を保っている。相手の国の力がだんだん追いついて、自分と同じになる。同じになったら、これで均衡だ、平和的で嬉しいっていう例は歴史にはない。もっと力を増して、それに対して守ろうとする。これはまさに無際限の軍備競争でね。誰も彼もが道徳的に非難するところではあるんですけれども、人類はそれを何千年もやってきて、それをこの四、五年の間にすぱっと止めるほど利口になれるかというと、まさに政治的現実主義者として、そういうはずはないでしょう。

永井　文字どおり、タテとホコ「矛盾」だな（笑）。それは古典的な軍備競争のモデルはそうだ。イギリスとドイツの第一次大戦の軍拡競争とか、ロンドン会議以後の日本とアメリカとか、そういう典型的な軍拡競争というのは、そういうモデルで、これはある時点で戦争になるか、財政破綻に陥る。

岡崎　別に戦争にならない場合もありますよ。

永井　ならない場合ももちろんある。しかし現代の軍拡競争というのは、実は内部機構のロジックですね。フォローオン・システムと普通言ってますが、兵器体系の生産と、長期計画、設計段階、製造から配備に至るプロセスは、あまりにも膨大で複雑です。したがって一つの兵器体系ができると、それを止めるわけにはいかない。また次の兵器体系を計画しなければならない。

岡崎 ソ連の場合はそうですが、アメリカは内部的理由で止めたことがある。七〇年代に一時、フォローオン・システムの開発が、一世代ないし二世代とんだケースがある。それで軍事産業はかなり荒廃しました。いまは復活している。

永井 ポスト・ベトナムのデタント時代に確かにそういうことがあった。軍事ケインズ主義による軍事支出を麻薬中毒に譬えたことがある。やはりアメリカは軍事支出という、ペンタゴンを通じて流す産業政策に依存してきたために、どうしても麻薬中毒で、ヤクが切れたように苦しくてしようがない。

岡崎 それがアメリカ経済悪化の重要な原因とは思わない。

永井 米国経済全体の話はまた別だけれども、軍需産業が自由市場経済になじまず、生産費・プラスの生産になるので、製造業全体に、深刻な腐蝕効果をもつ面がある。分かっているけど、機構のロジックでなかなか止められない。

岡崎 止められないということはない。現実に止めた時期があるんだから。軍事産業をあれだけ荒廃させるということはソ連ではとても許されない。アメリカはサイクルがありますからね、またいつか軍事費が減りますよ。いま急速に軍備拡張を始めたけれども、どうせ飽きるときが来る。ソ連というのは、それまで一〇年や二〇年の臥薪嘗胆は何でもない。

永井　米国は止めたといっても、ゼロになったわけではない。GNPに占める国防支出の比率が、七七年にはじめて六％台を切って、五・二％へ減少した、というにすぎません。

何が現実的なのか

永井　日本が戦争に巻き込まれる具体的なケース、あるいはシナリオというのは、やはりどこかで偶発事件が起こって、危機管理能力が失われた場合でしょうね。

岡崎　戦争というのは、戦争の始まる前の日まで戦争なんか起こらないと思ってるのが普通です。いつどこで偶発事件が起こるか分からない。だから戦争のシナリオがあるとすれば、どこか世界の一隅で、米ソが事前に予測もできないし、コントロールもできない事件が起こる。また、それは米ソの軍拡の結果でもない。しかし、米ソ両方とも退くに退けなくなってくるという、一次大戦的シナリオでしょう。それが日本に飛び火してくるというシナリオで防衛を考えればいい。

永井　ソ連は慎重だからね。公然とアフガニスタンに介入したようには、たとえばイラン南部にまで直接侵入するとかはしない。むしろ、危ないのは中米諸国の内部崩壊。

岡崎　まあどこと言わなくていい。どっかの偶発事件から拡大する。日本に飛び火した場合、通常兵力の攻撃あるいは脅威は、必ず通常兵力で守る。これが日本の戦略でなければダメですよ。

永井　そういう明確な専守防衛戦略の上に立ってならば、それで結構です。だがね、岡崎さんとは、いったい何が真の現実で、何が見せかけの、非本質的なものかでその点、ぼくとは根本的に食い違っている。ほとんど哲学的な問題といっていい。『戦略的思考とは何か』を読んでも、今日の議論を聞いてもそう思うけれども、ぼくは岡崎さんのように、客観的な戦略的環境なるものがモノのように存在していて、その情勢判断から日本の防衛戦略や兵力態勢がほぼ一義的に定まるとは考えていないんだ。このまえそのことは別のところで書いたけれども、軍事的リアリストと政治的リアリストの根本的な違いなんだ。

岡崎　アライアンス（Alliance）―オートノミー（Autonomy）のA軸はいいけれども、ウェルフェア（Welfare）―ウォーフェア（Warfare）というのは英語の言葉の遊びですよ（二三ページの図参照）。

永井　言葉の遊びじゃない。政策や手段の優先順位の問題です。その点で、よく言われたことは、軍事的リアリストと政治的リアリストと一体どこが違うのか、そんなに違わんじゃないかと、よく質問を受けた。政治戦略的にいうと、岡崎さんとぼくが手を握っちゃうことがいいかどうかということなんですよ。これは図式でいうと、A＋Bの水平連合になってしまう。そうなると、対抗上、左右のゴーリストの水平連合（C＋D）もできてしまうことになる。ヨーロッパは、その方向に行きつつあるように思います。「左翼のゴーリスト」ミッテランと右翼のゴーリストがしだいに手を握って、アメリカから離れて、ソ連との交渉による地域的デタントを追求する方向に行かないともかぎらない。

だが、われわれは、アメリカ及び西側と協力しない限り、日本の安全は守れないということで一致している。日本の自主防衛が不可能だという点で一致している。それじゃあ政策や戦略手段の点で違いはあるわけだけれども、その違いを無視して、手を結ぶことが一番危険だと思う。できれば、垂直連合のほうがまだいい。岡崎さんは、自主防衛論者とか、ファナティックなゴーリストとかという論者と交流し、かれらを教育する義務がある。ぼくら政治的リアリストのほうは、非武装中立、理想主義者との対話、交流を深めていくことが大事だ。そのためには、岡崎さんとぼくとは、ある点で、一致した共通の基盤をもつからといっても、あくまでも対決していなければならない。これは楽屋裏のオチになってしまうけど、対決してることが必要なんです。水平連合か、それとも垂直連合か、これが日本の運命を決める。

戦後日本というのは、一見、そうではないみたいだが、ナショナリズムがものすごく強い。左の方も実は、ナショナリストですよ。清水幾太郎氏のように、左から右への転換っていうのは実に容易なんです。日本は基本的にナショナリズムであって、オートノミーを求めて進む軸のほうが強いんだ。

岡崎　私は、そういう国内政治上のバランス感覚ではものを考えないことにしてるんです。天秤のどのへんにいると、世論がどう傾くからどうだという、そのへんは一切考えない。

永井　その点が、軍事的リアリストとわれわれが決定的に違う点だね。

岡崎　私にとって考えるクライテリアは日本の安全と繁栄以外ありません。私の立場が右か左かちょうど良い所かというような外部への思惑は離れて、私個人の考えで、合理性だけで日本の国家戦略を詰めるわけです。それが政治全体に及ぼす影響っていうのは、政治家か、あるいは永井さんのような政治学者にお任せしよう、そういう態度でございます。

（『中央公論』一九八四年七月号）

岡崎久彦（おかざき・ひさひこ）　一九三〇〜二〇一四　元外交官・外交評論家
サウジアラビアとタイ王国で特命全権大使を歴任し、外務省情報調査局長を務めた。著書に

『戦略的思考とは何か』（中公新書）、『二十一世紀をいかに生き抜くか』（ＰＨＰ研究所）ほか

解説　誤読を避けるために

中本義彦

「吉田ドクトリンは永遠なり」。第II章の副題で宣言されている、この言葉によって『現代と戦略』は広く知られてきたし、また厳しい批判にもさらされてきた。そういっても過言ではなかろう。一九五〇年代初めに吉田茂首相が敷いた「非核・軽武装・経済大国」の路線は基本的に正しいものであったし、日本はこの道を歩み続けるべきである。還暦を迎えようとしていた国際政治学の碩学・永井陽之助が八四年にこう言明したとき、多くの読者は自分たちが生きてきた戦後日本の来歴を確認し、これを歓迎した（文藝春秋読者賞を受賞）。しかし、八九年に冷戦が終わると日本を取り巻く国際環境は激変することになる。そして、少なからぬ論者が、今度は「吉田ドクトリン」をアップデートすべきもの、超えるべきもの、あるいは脱却すべきものとして取り上げ、その際に決まって同書は「たたき台」にされてきたのである。

それは、同書にとって、幸運なことでもあり、また不幸なことでもあったといえるだろう。一方で、同書は（国際情勢を論じた本としては珍しく）刊行後、実に三十年以上にわたって参照され続け、いまや日本の国家戦略論の「古典」とでもいうべき地位を獲得している。しかし他方で、本書の目次を一瞥するだけでもわかるように、本書のテーマは「吉田ドクトリン」のみではなく、「脅威」「有事」「戦略的思考」「危機管理」などと幅広い。しかも、「吉田ドクトリン」が論じられている第Ⅱ章とて、実際に精読してみると、その論理は決して一部の論者が考えているほど単純ではない。他の多くの古典と同様に、本書も、「名のみ引用されて本当に全内容を通読し、全体を理解したひとがきわめてすくない」著作になる危うさを相当程度にはらんでいるのである。

そういうことであるから、本書を初めて（あるいは、三十一年ぶりに）手に取られる読者諸氏には、まずは本書全体を通読していただきたい。そして、できれば永井の議論の過度の単純化や誤読を避けていただきたいと思う。以下ではまず、そのために留意すべきだと考えられるポイントを、これまで本書に向けられてきた批判も考慮しながら簡単に解説しておきたい。永井の一連の著作に学び、その謦咳に接したこともある一学徒として、永井の考えを少しでも正確に理解していただければと願う次第である。

まず確認しておきたいのは、永井のいう「吉田ドクトリン」は、吉田茂の考えを、そのまま反映したものではないということである。本書所収の岡崎久彦との対談でも明言しているように、永井自身はそれを当然視していた。「吉田ドクトリン」とは戦後日本の「生き方みたいなもの」であり、吉田が意図したがゆえに実現した側面もあれば、意図しなかったにもかかわらず現実になった側面もある。それは吉田以降に国内外のさまざまな要因によって「制度化」されたのであり、その過程については、(「吉田ドクトリン」という言葉を永井とは多少違う意味で用いてはいるものの)ケネス・パイルの『日本への疑問』(サイマル出版会、一九九五年)の叙述などが参考になろう。

第二に指摘しておきたいのは、永井が説いたのは日本の「軽武装」であって、決して軍事の拒否や軽視ではなかったということである。そもそも永井は、「非武装中立論」がまだ強い影響力を誇っていた一九六〇年代半ばに、それに鉄槌を加えた「現実主義者」として名を馳せた。六六年に発表した「日本外交における拘束と選択」(『中央公論』三月号)においては、「過小防衛は、過剰防衛と同じくらい、ハタ迷惑」だと喝破し、「狭義の防衛費は、他の先進国と比較しても、最大限、国民所得の二%程度(四十年度は一・三三%程度)までは、常識的にやむをえないといわざるをえない」と述べている。また、「吉田ドクトリン」を主張したことから護憲論者だと思われがちだが、同年の論文「国家目標としての安全と独立」(同誌七月号)において、すでに憲法九条を『軍備コントロール』の考え方を妨げるもの」とみなし、これを改正する必要性を明言している。

もちろん八五年に上梓された『現代と戦略』は、「増大するソ連の軍事的脅威に対処して、日本の防衛力の増強にふみきるべき」と論じる人たちを批判しようとするものである。しかし、永井がこれに対置しているのは、「必要最小限度の能力（基盤的防衛力）を拡充することが先決と考える」立場であって、現状固定論ではない。実際、本書第Ⅰ章のベースになった「日本の戦略は可能か」（ハーバード大学国際問題研究所「日米関係プログラム」の年次報告書〔八二～八三年版〕所収）において、永井は、日本の基盤的防衛力を「飛躍的に向上させる」必要性を説いているのである。

第三に留意すべきは、本書が執筆されたコンテキスト（文脈）であろう。まず何といっても重要なのは、それが「新冷戦の時代」のまっただなかに上梓されたということである。第二次世界大戦後まもなく始まった冷戦は、六二年のキューバ危機を頂点として、デタント（緊張緩和）に向かっていた。しかし、七〇年代後半のソ連によるエチオピア内戦介入、軍拡、アフガニスタン侵攻などによって緊張が高まり、八三年にはレーガン米大統領がソ連を「悪の帝国」と呼ぶにいたっていた。こうしたなかで永井は、アメリカがソ連の脅威を誇張していると考えていたのである。

ここで忘れてはならないのは、永井がアメリカ研究者でもあったということである。もともと大衆社会における政治意識の研究を専門としていた永井は、アメリカをフィールドにして精力的に研究を行ない、七〇年にはその集大成ともいえる「解体するアメリカ」(『中央公論』九月号)を発表していた。本書で表明されているレーガンや軍産複合体に対する評価は、永井が分析の対象としたアメリカの「社会生態系の均衡破壊」と無関係ではないのであり、これと合わせて考えられねばなるまい。

日本の外交戦略に関する永井の言説のコンテキストも見過ごしてはならない。「保守本流」のイメージが先行するせいかしばしば忘れられがちだが、永井は日本を国際社会における現状維持勢力として位置づけながらも、他方で積極的な外交戦略的活動の必要性を説いてやまなかった。その最初の構想が、先述の「日本外交における拘束と選択」で提唱した「モスクワ=東京=ワシントン枢軸」である。日本は、キューバ危機をきっかけに基本的には現状維持勢力になった米ソとまずは手を組み、そのうえで革命勢力の中国と向き合わねばならない。さもなければ、中国と歴史的にも文化的にも難しい問題を抱える日本は、この国とはとうてい渡り合えないし、国際秩序の安定化に寄与することもできない。永井は、こう主張していた。

ところが、日本政府は、永井が提言する方向には進まず、結局、それとは逆の動きをすることになる。七二年に米中が和解すると、日本は「バスに乗り遅れるな」とばかりにソ連よりも中国との平和条約締結を優先した。しかも、日中平和友好条約に、暗にソ連を敵視する「反覇権条項」を含めることに同意してしまった。永井が日本外交をもっとも強く批判したのは、この時だったといってよかろう。このままでは、日本は、米ソデタントと中ソ対立という対ソ関係改善の絶好の機会を逃すことになるばかりか、ソ連を必要以上に警戒させることにもなる。「日中〝片面〟条約の帰結」(『中央公論』七八年五月号)をはじめとする一連の論考で、永井は「いまこそ〝全面〟講和のときである」と訴えた。

しかし、まもなくソ連が極東軍を増強し、八一年に中ソ和解が始まると日本は米ソ新冷戦の前面に立つことになる。そして、このような事態の展開のなかで、レーガン政権の要求する軍備増強に応えるべきだという論者たちの声が急速に高まっていた。永井が「軍事的リアリスト」との論争に挑んだ背景には、こうした経緯が存在するのである。

最後に、永井が論争相手に選んだのは六歳年下で外務省情報調査局長の岡崎久彦だったが、この両者の間にも歴史がある。岡崎の最初の著書である『緊張緩和外交』(日本国際問題研究所、一九七一年)の巻頭に永井への謝辞が述べられているから、二人は旧知の間柄だったのであろう。ただし、意見の微妙な違いは当初からあったようで、七二年に発表した「同盟外交の陥穽」(『中央公論』一月号)で永井はこの『緊張緩和外交』をとりあげて鋭く批判している。次に、本書の議論にもつながる「モラトリアム国家の防衛論」(『中央公論』八一年一月号)を永井が活字にすると、今度は岡崎が「戦後民主主義と日本の国家戦略――『モラトリアム国家の防衛論』を読んで」(同誌八一年五月号)を書いて、これを批判している。さらに、岡崎がハーバード大学国際問題研究所「日米関係プログラム」の年次報告書(八一〜八二年版)に「自前の戦略を求めて」を書くと、永井が入れ替わりに同研究所に滞在して岡崎の議論を多分に意識した「日本の戦略は可能か」(前掲)を寄せている。そして、岡崎が『文藝春秋』の八二年四月号から翌年の三月号まで「戦略的思考とは何か」を連載(後に中公新書として上梓)すると、ここでも今度は永井が同誌の八四年一月号から十二月号まで「現代と戦略」を連載し、「防衛論争の座標軸」(同誌四月号/本書第I章)で岡崎批判を展開した。それを受けて岡崎が「永井陽之助氏への〝反論〟」(『諸君!』八四年六月号)を発表し、ついに両者は『中央公論』(八四年七月号)誌上において対談「何が戦略的リアリズムか」で直接対峙することになったのである。

ともに「現実主義者」である両者の見解は、実際の政策上は決定的には違わないが、「現実」の認識の仕方という点ではかなり異なっている。国際政治における変化に着目して「多極世界の構造」を読み解こうとしていた永井に対して、岡崎は米ソ二極構造の継続性を重視した。「アングロ・サクソンの後についていけば間違いない」と明快に主張する岡崎に対して、永井は、日米同盟には賛意を示しながらも、そうした一辺倒の姿勢が「冷徹な対米認識の眼をくもらせる危険を内包している」と考えていた。

吉田路線という戦後日本の「生き方」についても、同様のことがいえるだろう。死後に刊行された『国際情勢判断・半世紀』（育鵬社、二〇一五年）で岡崎は、永井との論争を「高坂正堯・京都大学教授とのいわば代理戦争だった」と述べている。（永井と高坂のアプローチや見解の違いに鑑みれば）その真意は定かではないが、「代理戦争」の起源のひとつが吉田茂の評価にあることは容易に想像できよう。実際、後に上梓した『吉田茂とその時代』（PHP研究所、二〇〇二年）において、岡崎は高坂の『宰相吉田茂』（中公叢書、一九六八年）を敢えて参考文献から外しながらも、それを多分に意識して筆を進めているように見える。そして、日本を通商国家へと導いた吉田に対して相対的にかなり低い評価を下しているのである。

結局のところ、永井＝岡崎論争は、どちらの勝利に終わったのだろうか。「世評から言えば私が勝っていた」と岡崎は回顧しているが、そうとも言い切れまい。いずれにせよ、戦後を代表する外交戦略の論客であった両者は、意義があると考えたからこそ論争にのぞんだのであり、両者の知的対決はいまでも一読に値する。国力とは何か、国益とは何か、戦略とは何か。この論争は、われわれに、国際政治における根本的な問題を、いまも深く考えさせてくれるのである。

（なかもと・よしひこ　静岡大学教授／国際政治学）

マ行

ヤ・ラ・ワ行

タ行

ナ行

ハ行

サ行

人名索引

ア行

カ行

編集付記

一、本書は『現代と戦略』（文藝春秋、一九八五年三月刊）の第一部「現代と戦略」を文庫化したものである。文庫化にあたり、同書と関連する岡崎久彦「永井陽之助氏への〝反論〟」（『諸君！』一九八四年六月号）、永井陽之助・岡崎久彦対談「何が戦略的リアリズムか」（『中央公論』一九八四年七月号）を併せて収録した。

一、本文中、明らかな誤植と思われる箇所は訂正し、数字の表記の一部を改めた。また新たに人名索引を付した。本文中の〔 〕は編集部の補足であることを示す。

一、本文中、今日の人権意識に照らして不適切な語句や表現が見受けられるが、著者が故人であること、執筆当時の時代背景と作品の文化的価値を鑑みて、原文のままとした。

中公文庫

新編《しんぺん》
現代《げんだい》と戦略《せんりゃく》

2016年12月25日　初版発行

著　者　永《なが》井《い》陽《よう》之《の》助《すけ》

発行者　大橋 善光

発行所　中央公論新社
〒100-8152　東京都千代田区大手町1-7-1
電話　販売 03-5299-1730　編集 03-5299-1890
URL http://www.chuko.co.jp/

DTP　ハンズ・ミケ
印　刷　三晃印刷
製　本　小泉製本

Published by CHUOKORON-SHINSHA, INC.
Printed in Japan　ISBN978-4-12-206337-2 C1131

定価はカバーに表示してあります。落丁本・乱丁本はお手数ですが小社販売部宛お送り下さい。送料小社負担にてお取り替えいたします。

各書目の下段の数字はISBNコードです。978-4-12が省略してあります。

中公文庫既刊より

タ-7-1
愚行の世界史(上)トロイアからベトナムまで
B・W・タックマン
大社淑子 訳
国王や政治家たちは、なぜ国民の利益と反する政策を推し進めてしまうのか。世界史上に名高い四つの事件を詳述し、失政の原因とメカニズムを探る。
205245-1

タ-7-2
愚行の世界史(下)トロイアからベトナムまで
B・W・タックマン
大社淑子 訳
歴史家タックマンが俎上にのせたのは、ルネサンス期教皇庁の堕落、アメリカ合衆国独立を招いた英国議会の奢り。そして最後にベトナム戦争をとりあげる。
205246-8

マ-10-5
戦争の世界史(上)技術と軍隊と社会
W・H・マクニール
高橋均 訳
軍事技術は人間社会にどのような影響を及ぼしてきたのか。大家が長年あたためてきた野心作。上巻は古代文明から仏革命と英産業革命が及ぼした影響まで。
205897-2

マ-10-6
戦争の世界史(下)技術と軍隊と社会
W・H・マクニール
高橋均 訳
軍事技術の発展はやがて制御しきれない破壊力を生み、人類は怯えながら軍備を競う。下巻は戦争の産業化から冷戦時代、現代の難局と未来を予測する結論まで。
205898-9

キ-6-1
戦略の歴史(上)
ジョン・キーガン
遠藤利國 訳
先史時代から現代まで、人類の戦争における武器と戦術の変遷と、戦闘集団が所属する文化との相関関係を分析。異色の軍事史家による戦争の世界史。
206082-1

キ-6-2
戦略の歴史(下)
ジョン・キーガン
遠藤利國 訳
石・肉・鉄・火という文明の主要な構成要件別に「兵器と戦術」の変遷を詳述。戦争の制約・要塞・軍団・兵站などについても分析した画期的な文明と戦争論。
206083-8

ハ-12-1
改訂版 ヨーロッパ史における戦争
マイケル・ハワード
奥村房夫
奥村大作 訳
中世から現代にいたるまでのヨーロッパの戦争を、社会・経済・技術の発展との相関関係においても概観した名著の増補改訂版。〈解説〉石津朋之
205318-2

ま-5-4
孫子
町田三郎 訳
古代中国最高の戦略家孫子の思想は、兵書の域を超えた究極の戦略論として現代に読み継がれている。リーダーシップの極意が、この中には満ちている。
203940-7

マ-2-3
新訳 君主論
マキアヴェリ
池田廉 訳
十五世紀末のイタリアで、豊かな外交経験に培われた歴史把握と冷徹な人間認識が、この名著に結実した。近年の研究成果をもとに詳細な訳註を付す。
204012-0

ク-6-1
戦争論（上）
クラウゼヴィッツ
清水多吉 訳
プロイセンの名参謀としてナポレオンを撃破した比類なき戦略家クラウゼヴィッツ。その思想の精華たる本書は、戦略・組織論の永遠のバイブルである。
203939-1

ク-6-2
戦争論（下）
クラウゼヴィッツ
清水多吉 訳
フリードリッヒ大王とナポレオンという二人の名将の戦史研究から戦争の本質を解明し体系的な理論化をなしとげた近代戦略思想の聖典。〈解説〉是本信義
203954-4

シ-10-1
戦争概論
ジョミニ
佐藤徳太郎 訳
19世紀を代表する戦略家として、クラウゼヴィッツと並び称されるフランスのジョミニ。ナポレオンに絶賛された名参謀による軍事戦略論のエッセンス。
203955-1

チ-2-1
第二次大戦回顧録 抄
チャーチル
毎日新聞社 編訳
ノーベル文学賞に輝くチャーチル畢生の大著のエッセンスをこの一冊に凝縮。連合国最高首脳が自ら綴った、第二次世界大戦の真実。〈解説〉田原総一朗
203864-6

ケ-5-1
ケネディ演説集
高村暢児 編
上院議員時代と大統領就任から暗殺直前まで、冷戦下にあって平和のための戦略の必要性を訴えた最重要演説18編を網羅。『ケネディ登場』を改題。
205940-5

ケ-6-1
13日間 キューバ危機回顧録
ロバート・ケネディ
毎日新聞社外信部 訳
互いに膨大な核兵器を抱えた米ソが対立する冷戦の時代。勃発した第三次大戦の危機を食い止めた両国首脳ケネディとフルシチョフの理性と英知の物語。
205942-9